BnC Home Baking Series II

BREAD

빵

윤문주 지음

CONTENTS

PROLOGUE

'셰프의 공식은 언제나 100-1=99가 아닌 0이다.' 12년 전, 제가 빵을 처음 배우고 익히면서 다짐한 말입니다. 아무리 좋은 재료와 완벽한 레시피로 빵을 만들었다 해도, 정성이나 열정이 1%라도 부족하면 아무것도 만들지 않은 것과 같다는 의미입니다.

요즘은 인터넷이나 SNS를 통해 빵을 만드는 다양한 방법들을 쉽게 접할 수 있습니다. 그중에는 제가 책에 쓴 것과는 다른 제빵법도 있고, 재료나 제법에 대한 다양한 이론도 나와 있을 것입니다. 하지만 다양한 정보를 얻는 것보다 더 중요한 것은 빵에 대한 꾸준한 애정과 관심, 그리고 끊임없는 시도라고 생각합니다.

이 책은 빵을 처음 만들어 보는 사람이라도 따라 할 수 있도록 최대한 자세한 공정사진과 설명을 싣고 있습니다. 재료와 도구는 어떤 것이 편하고, 어떤 과정으로 만들어야 하는지 등 빵 만들기에 대해 보다 쉽게 이해할 수 있을 것입니다. 하지만 똑같이 따라 한다 하더라도 맛있는 빵을 한 번에 성공적으로 구워내기는 어렵습니다. 이러한 어려움은 아주 당연한 것입니다. 우리가 악기를 배우거나 자전거 타는 법을 배울 때 한 번에 습득하지 못하는 것처럼 빵을 만드는 것도 마찬가지입니다. 때로는 덜 부풀기도 하고 태우기도 하면서 다양한 실패를 경험하게 됩니다. 하지만 이런 실패를 여러 번 반복하고 끊임없이 시도하다 보면 자신만의 방법을 체득할 수 있을 것입니다.

또한 이 책은 아침·점심·저녁 일과로 크게 나눠 상황에 따라 어떤 빵을 어떻게 먹으면 좋은지 보여줄 뿐만 아니라, 프랑스빵이나 이탈리아빵처럼 집에서 시도하기 어려웠던 빵들도 쉬운 레시피로 풀어냈습니다. 맥주나 와인과 잘 어울리는 스낵으로 변신한 빵, 남은 식빵이나 딱딱해진 빵으로 만드는 멋진 빵요리 레시피도 만나볼 수 있습니다.

쌀을 주식으로 하는 우리나라에서 빵은 주로 간식이나 요깃거리로 여겨지고 있습니다. 하지만 다양한 영양소를 섭취할 수 있는 부재료들을 더해 만드는 건강한 빵은 한 끼 식사로 손색없습니다. 이 책을 통해 머지않아 밥 짓듯이 빵을 만들 수 있는 날이 왔으면 좋겠습니다.

마지막으로 이 책을 쓰는 데 도움을 준 블랑제리 11-17 직원들을 비롯해 비앤씨월드 출판팀께 감사드립니다.

블랑제리 11-17 윤 준 주

INGREDIENTS [재료]

01

02

03

04

05

06

01 밀가루 • 밀가루의 단백질 성분은 물과 결합하여 탄력 및 점성(글루텐)을 만듭니다. 전분은 물을 흡수하여 굽는 과정을 통해 반죽이 부풀어 오르며 부드러운 빵이 되도록 합니다.

통밀가루 밀의 껍질과 배아를 제거하지 않고 알갱이 전체로 만든 가루입니다. 빵이 잘 부풀어 오르지 않는다는 단점이 있지만, 밀 특유의 향과 맛을 내는 데 많이 사용됩니다.

호밀가루 호밀은 밀가루와 달리 단백질이 거의 없기 때문에 글루텐이 잘 만들어지지 않아 빵을 구웠을 때, 기공이 거의 없고 묵직한 빵이 됩니다.

02 소금 • 빵의 풍미를 더하고, 글루텐의 활동을 도와 탄력 있고 볼륨 있는 빵을 만듭니다. 적당량의 소금은 잡균의 번식과 과다발효를 막는 한편, 너무 많은 양의 소금은 급격하게 발효를 저하시키기도 하니 정량을 지키는 것이 중요합니다. 염화 나트륨이 90% 이상인 제품을 선택하고 천일염이나 정제소금을 사용하면 됩니다.

03 설탕 • 반죽 재료에 포함되어 있는 다양한 성분과 만나 갈색을 내는데, 설탕의 양이 많아질수록 색이 더욱 진해지고 고소한 향이 납니다. 수분을 끌어들여 빵이 촉촉하게 유지되도록 하고 구운 후에도 잘 굳지 않게 합니다. 하지만 너무 많은 양을 넣으면 발효가 잘 되지 않으니 주의해야 합니다.

04 이스트 • 빵을 만드는 데 적합한 균을 순수 배양하여 만든 단일 종류의 효모를 이스트라고 부릅니다. 이스트는 탄산가스와 알코올을 발생시켜 반죽을 부풀리고 반죽을 잘 늘어나게 하며, 빵에 독특한 풍미와 향을 줍니다. 이스트의 종류는 수분 함유량에 따라 생이스트, 드라이이스트, 인스턴트 드라이이스트(저당용·고당용)로 나눌 수 있습니다.

05 버터 • 고소한 맛과 향, 풍미를 더하는 버터는 빵의 볼륨과 부드러운 식감을 만들어내는 데 중요한 역할을 합니다. 버터는 반죽을 더욱 유연하게 만들고 구운 후에도 빵이 더 굳는 것을 막아줍니다. 가급적 버터를 사용하는 것이 좋고, 최소한 30분 전 실온에 미리 꺼내두어 버터가 공기를 포함할 수 있는 상태로 만들어야 합니다. 손가락으로 살짝 누르면 자국이 남을 정도의 말랑한 상태에서 사용하면 됩니다.

06 달걀 • 빵의 풍미와 식감, 색 등에 영향을 주는 중요한 재료입니다. 노른자는 빵의 결을 촉촉하고 부드럽게 하는 유화제 역할을 하며, 노른자의 색소는 빵의 속을 노르스름한 색으로 만듭니다. 흰자의 단백질 성분은 열과 만나 쉽게 응고되어 씹히는 식감을 만듭니다.

TOOLS [도구]

01

02

03

04

05

06

07

08

09

01 믹서 • 재료를 섞고 반죽을 만드는 역할을 합니다. 가정에서는 작은 믹서나 스탠드믹서를 쓰면 충분합니다. 빵 반죽 외에, 크림 반죽과 생크림 휘핑 기능을 가지고 있어 다양한 활용이 가능합니다.

02 저울 • 가급적 1g 단위까지 계량할 수 있는 전자저울을 사용하는 것이 좋습니다. 재료를 담을 볼을 올려 0으로 표시되도록 한 다음 계량하면 됩니다. 그 외의 크기와 용량은 집에서 쓰기 편한 저울을 선택하면 됩니다.

03 오븐 • 열선이 위쪽, 아래쪽 두 군데에 모두 있는 것이 좋습니다. 너무 작은 오븐을 사용할 경우 열 손실이 크므로 꼼꼼하게 마감되어 있는지 확인하여야 합니다. 가정용 큰 오븐의 경우 전기 소모량이 크므로 집의 전기 용량을 미리 체크하도록 합니다.

04 광목천 • 가스빼기 과정에서 반죽이 작업대에 들러붙지 않도록 깔면 더욱 좋습니다. 반죽 아래에 광목천을 깔면 바게트와 같은 하드 계열 빵들을 안정적으로 건조발효시키기 쉬우며, 발효 중 흐트러지는 것을 방지할 수 있습니다. 광목천 아래 공기가 통할 수 있도록 나무판을 받치면 더욱 좋습니다.

05 오븐팬 • 빵을 발효시키고 오븐에 넣어 구울 때 사용하는 철팬입니다. 바닥이 평평한 것이 좋습니다. 대부분 코팅이 되어 있지만, 그렇지 않은 경우 테프론 시트를 깔거나 버터를 발라 사용합니다.

06 테프론 시트 • 코팅이 되어 있지 않은 오븐팬을 사용할 때, 구워진 빵이 잘 떨어질 수 있도록 바닥에 까는 시트를 말합니다. 테프론 시트는 세척하여 재사용할 수 있습니다.

07 쿠프나이프 • 빵을 굽기 전이나 발효시키기 전에 칼집(쿠프)을 넣는 도구입니다. 칼의 모양에 따라 사용법이 다르고, 쿠프의 모양과 깊이에 따라 빵의 맛이나 결이 달라집니다. 자신이 원하는 모양의 빵을 만들기 위해서 어떤 칼을 쓸지 선택합니다.

08 나무 밀대 • 반죽의 기포를 빼고 일정한 모양을 만들 때 사용합니다. 용도에 맞게 크기나 두께를 선택합니다.

09 스크레이퍼 • 반죽을 분할하거나 믹서에서 반죽을 꺼낼 때 사용합니다. 여러 가지 크기와 종류가 있으므로 용도에 맞게 선택하여 사용하도록 합니다.

10

11

12

13

14

15

16

17

10 온도계 • 유리 온도계와 전자 온도계, 두 가지 종류가 있는데 가급적 전자 온도계를 사용하는 것이 좋습니다. 유리 온도계는 급격한 온도 변화 등에 의해 깨질 수 있으므로 사용할 때 주의해야 합니다.

11 오븐장갑 • 주방에 흔히 있는 벙어리 장갑 모양의 오븐장갑을 사용하면 됩니다. 종종 작은 틀에서 빵을 빼는 작업이 어려울 수도 있는데, 그럴 때는 일반 목장갑을 사용하면 더욱 편리합니다. 온도가 너무 뜨거우면 목장갑을 두 겹 겹쳐서 사용하는 것이 안전합니다.

12 실리콘 주걱 • 나무 주걱보다 탄성이 좋아 크림 반죽을 사용할 때 깔끔하게 덜어낼 수 있습니다. 세척이 편리하고 인체에 무해하며 반영구적으로 사용할 수 있습니다.

13 거품기 • 달걀물이나 크림을 만들 때 반죽을 골고루 섞는 도구입니다. 와이어가 너무 얇으면 젓는 힘이 약하고 틈새가 벌어지거나 좁아질 수 있으니 유연하면서도 내구성이 좋은 것을 사용합니다.

14 믹싱볼 • 반죽을 발효시키거나 크림 반죽을 휘핑할 때 쓰는 등 다양한 용도로 사용합니다. 반죽 용도로 사용할 때는 폭이 깊고 너무 넓지 않은 볼이 좋습니다. 빵을 만들 때는 다양한 크기의 볼이 필요하므로 종류에 따라 여러 개를 구입해 두는 것이 좋습니다.

15 제과용 붓 • 액체 재료를 반죽 표면에 바를 때 사용하는 도구입니다. 털의 길이가 일정하고 털이 잘 빠지지 않는 것이 좋은 붓입니다. 반죽을 굽기 전, 달걀물을 바를 때는 털이 고운 것을 사용하는 것이 좋고 빵이 구워져 나온 뒤 올리브오일을 바르는 붓은 거친 붓을 사용하는 것이 좋습니다.

16 스패튤러 • 반죽을 밀어 편 다음 필링 등을 반죽 위에 고르게 바를 때 사용하며 사이즈가 다양해 자신에게 맞는 크기를 사용하면 됩니다.

17 체 • 크기가 작은 체는 2차 발효된 반죽 위에 밀가루와 같은 가루 재료를 뿌려 데커레이션 할 때 사용합니다. 너무 많은 양을 뿌릴 경우 빵 자체의 맛보다는 가루 재료의 맛이 강해질 수 있으므로 주의해야 합니다.

[빵 만들기]

준비하기

① **실온 23~28℃, 습도 60~70%에서 빵을 만드세요.** 온도가 낮으면 온풍기를 사용하고, 온도가 높으면 에어컨을 이용하여 적정한 실내 온도와 습도를 만들어야 합니다. 주변환경이 건조한 경우에는 스프레이를 이용해 물을 뿌려(빵에 직접 분사하거나 주변에 분사) 반죽이 마르지 않도록 하고, 습한 경우 반죽이 들러붙지 않도록 유의하세요.

② **재료를 계량할 때는 저울을 이용하여 정확히 계량하세요.** 계량컵이나 계량스푼은 정확도가 떨어지기 때문에 빵을 만들 때는 저울을 사용하도록 합니다. 이 책에서는 1g 단위로 변환하였기 때문에 1g 단위까지 계량할 수 있는 저울을 쓰는 것이 좋습니다. 1g보다 적은 양을 잴 때는 1g을 계량하여 반을 나누면 0.5g이 되고 4등분하면 0.25g이 됩니다.

③ **반죽이 들러붙지 않도록 바르는 덧가루는 강력분을 사용하세요.** 박력분은 뭉칠 수 있으므로 사용하지 않는 것이 좋습니다. 덧가루가 반죽 안에 들어가지 않도록 주의하세요.

믹싱하기

① **물(또는 수분 재료)을 넣은 후에는 바로 섞으세요.** 물을 넣은 뒤 방치하면 덩어리가 생기기 쉽습니다. 그러므로 수분 재료를 넣은 후에는 바로 섞습니다.

② **버터는 대부분의 재료를 섞은 후 마지막에 넣는 것이 좋아요.** 버터를 반죽 초기에 넣으면 반죽이 아예 안 되는 것은 아니지만, 밀가루의 글루텐 형성을 지연시켜 반죽의 완성을 느리게 하고 반죽 온도가 높아집니다. 글루텐이 형성된 이후 버터를 넣으면 반죽을 완성하는 시간이 단축되고 정확한 반죽 온도를 구할 수 있습니다.

③ **반죽은 같은 재료와 같은 양을 넣더라도 되기가 일정하지 않을 수 있습니다.** 이런 경우를 대비하여 반죽에 들어가는 물의 양 중 2~3%를 미리 빼두는 것이 좋습니다. 믹싱하면서 반죽의 상태와 되기를 살피면서 물을 보충해주세요. 재료의 보관 상태나 건조한 날씨 등 여러 원인으로 반죽에 수분이 부족해 보이면 물을 조금 더 늘립니다. 반대로 물을 덜어냈는데도 여전히 질다면 밀가루를 더 넣어 되기를 맞추세요.

④ **최종 반죽 온도는 물 온도로 맞추세요.** 최종 반죽 온도는 하드 계열이 23~25℃, 소프트 계열이 27~29℃입니다. 반죽 온도는 재료의 온도, 믹서의 종류, 믹싱 시간, 실내 온도 등 여러 가지 요인에 의해 결정되는데 물 온도를 통해서도 쉽게 조절할 수 있습니다. 여름에는 찬물을, 겨울에는 따뜻한 물을 사용하는 것도 좋은 방법이지만, 더욱 정확한 물 온도를 구하기 위해서는 공식을 활용하는 것이 좋습니다. 계절이나 빵의 종류(하드 계열, 소프트 계열)에 따라 밀가루 온도, 실내 온도, 물 온도의 합을 정확한 수치(기준 온도)로 정해놓고 계산하면 됩니다. 예를 들어 여름에 하드 계열의 빵을 만들 경우, 기준 온도를 58℃로 가정하고 밀가루 온도가 25℃, 실내 온도가 30℃라면 물의 온도는 3℃가 됩니다.

하드 계열의 빵 기준 온도 : 58℃(여름) / 62℃(겨울)
기준 온도 = 밀가루 온도 + 실내 온도 + 물 온도
소프트 계열의 빵 기준 온도 : 64℃(여름) / 68℃(겨울)
기준 온도 = 밀가루 온도 + 실내 온도 + 물 온도

1차 발효

발효 중에 표면이 건조하면 반죽이 찢어지거나 구웠을 때 딱딱해질 가능성이 높습니다. 반죽이 마르지 않도록 발효통을 준비해 따뜻한 물과 함께 넣어두거나 천이나 랩 등으로 감싸는 것도 좋은 방법입니다.

반죽을 손으로 눌러보았을 때 살짝 자국이 남아 있으면 잘 발효된 것입니다. 반죽이 다시 원래대로 올라온다면 더 발효시킵니다. 발효시킬 때 반죽을 담은 볼이 너무 작으면 반죽이 수축되거나 볼에서 넘칠 수 있고, 볼이 너무 크면 반죽이 늘어질 수 있습니다. 볼의 크기는 반죽 양의 2~3배 정도가 적당합니다.

반죽에 이스트를 많이 넣어 빨리 발효시킬 경우, 발효는 되지만 빵의 독특한 풍미나 향은 기대하기 어렵습니다. 되도록이면 실온 28~30℃, 습도 60~70%를 기준으로 정상 발효시키는 것이 좋습니다. 반죽의 특성에 따라 발효 시간이나 온도, 습도 등이 달라지므로 각 빵에 맞게 발효시켜야 합니다.

가스빼기(펀치)

발효로 부푼 반죽을 치거나 접어 탄산가스를 빼는 과정으로, 발효되는 동안 탄력이 떨어진 반죽에 자극을 주는 것을 말합니다. 또한 반죽 속의 알코올을 빼내 이스트를 활성화시켜 빵의 결을 촘촘하게 만듭니다. 바게트와 같은 하드 계열의 빵은 약하게, 브리오슈와 같이 버터 함량이 높은 소프트 계열의 빵은 강하게 자극의 강도를 조절합니다. 한편, 반죽에 힘을 주기 위해 발효가 끝나지 않은 상태에서 가스빼기를 할 수도 있습니다.

분할하기

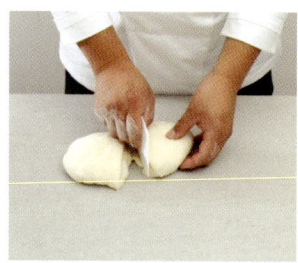

분할할 때는 반죽을 넓게 펼쳐 원하는 크기로 분할하면 됩니다. 하지만 집에서 빵을 만들 때는 여러 가지 크기로 분할하지 않는 것이 좋습니다. 반죽의 크기에 따라 서로 다른 온도와 시간이 필요하기 때문에, 여러 번 작업하게 되는 번거로움이 생길 수도 있기 때문입니다. 가정에서는 되도록 같은 크기로 분할하고, 가능한 두세 번 안에 중량을 맞추도록 합니다. 반죽을 여러 번 자르면 둥글리기 할 때 일정하게 둥글리기 어렵고, 반죽이 터질 수도 있습니다.

둥글리기

분할한 반죽의 표면을 매끄럽게 하고 기포를 빼서 빵의 크기가 일정하게 나올 수 있도록 하는 과정입니다. 완성된 빵 모양을 고려하여 둥글게 마무리해도 되고, 옆으로 길게 늘여 타원형으로 만들어도 됩니다.

휴지시키기

둥글리기 과정에서 자극받은 반죽을 부드럽게 하기 위해 휴지시키는 공정입니다. 반죽에 탄력이 생긴 상태에서 바로 성형(빵 모양을 만드는 과정)하게 되면 반죽이 수축되거나, 원하는 모양을 만들기 어렵고 찢어지는 경우도 생길 수 있습니다. 성형하기 좋은 부드러운 반죽으로 만들기 위해서는 휴지기를 거쳐야 합니다. 성형할 때 탄력이 너무 강하면 더 오래 휴지시키고, 반죽이 흐물흐물하고 탄력이 없다면 짧게 휴지시킵니다.

성형하기

2차 발효 전 빵의 최종 모양을 만들어 주는 과정입니다. 성형 과정에서는 이음새를 확실히 눌러 붙이는 것이 중요합니다. 그렇지 않으면 내용물이 빠져 나오거나 이음새 부분이 터져 빵의 모양을 흐트러트릴 수 있습니다. 또한 반죽의 큰 기포를 없애는 것도 중요합니다. 기포를 없애지 않으면 최종 발효 과정에서 기포가 더욱 커져 빵의 모양과 식감이 달라지기 때문입니다. 식빵처럼 결이 조밀한 빵은 밀대로 밀어 펴 기포를 확실히 제거하고, 바게트와 같이 구멍이 있는 빵은 가볍게 두드려 기포를 적당히 뺍니다.

2차 발효(최종 발효)

빵을 발효시킬 때는 기본적으로 발효 온도와 습도를 체크해야 하며 빵 반죽 표면이 마르지 않도록 하는 것이 중요합니다. 동일한 발효 과정을 거쳐도 다음과 같은 경우 과다하게 발효될 수 있으니 유의해야 합니다.

⑴ 반죽 온도가 높을 경우

⑵ 1차 발효에서 지나치게 발효된 경우

⑶ 성형 과정에서 충분히 기포를 빼지 않은 경우

⑷ 만드는 과정 중에 변수가 생겼을 경우

최종 발효는 발효 시점에 따라 빵의 크기나 식감, 결이 달라질 수 있으므로 특별히 주의해서 살펴야 합니다. 발효 상태는 1차 발효와 마찬가지로 손가락으로 살짝 눌러 확인할 수 있으며, 손자국이 남아 있을 정도의 탄력이면 좋은 상태입니다.

굽기

레시피에 나와 있는 대로 오븐 온도를 맞추었더라도 오븐 컨디션에 따라 굽는 정도가 달라질 수 있습니다. 반죽이 구워지는 정도에 따라 온도를 조절하여 적정 온도를 찾아야 합니다. 간혹 레시피에 나와 있는 굽는 시간보다 빵 색이 빨리 나올 경우, 반죽이 충분히 익지 않았거나 수분이 그대로 남아있어 찌그러질 수 있습니다. 오븐 온도가 너무 높은 것은 아닌지 확인하세요. 반면 너무 오래 구울 경우 수분이 날아가 퍽퍽한 빵이 될 수 있으니 유의해야 합니다.

하드 계열의 빵을 구울 때는 스팀을 넣으면 크러스트(겉 부분)가 얇고 바삭하며 윤기 나는 빵을 구울 수 있습니다. 오븐을 예열할 때 작은 돌이 든 틀을 넣고 함께 예열한 다음 틀에 물을 붓고 반죽을 구우면 스팀 효과를 낼 수 있습니다.

하지만 스팀을 너무 오래 내면 색깔이 너무 짙고 쿠프 자국이 희미해져 버리기 때문에 주의해야 합니다.

보관 방법

구워진 빵을 바로 자르면 빵이 찌그러지거나 깔끔하게 잘리지 않습니다. 빵의 열기가 완전히 빠진 다음 자르는 것이 좋습니다. 맛을 볼 때도 약간 식은 후가 좋습니다. 일반적으로 따뜻할 때 빵을 먹어야 한다고 생각하지만, 사실 따뜻할 때는 빵의 맛을 정확히 느끼기 어렵습니다.

식힌 빵은 1인분 단위로 나누어 용기나 봉지에 넣어 밀폐한 후 냉동 보관합니다. 물론 냉동 보관하더라도 시간이 지나면 빵은 노화되기 시작해 팁텁해지고 마른 것처럼 식감이 변해버립니다. 그럴 때는 빵 표면에 물을 뿌려 오븐이나 전자레인지에 다시 구우면, 갓 구운 상태만큼은 아니더라도 어느 정도 부드러운 상태로 돌아옵니다.

[종 반죽 만들기]

종 반죽은 밀가루, 이스트, 물을 미리 반죽하여 발효·숙성시킨 반죽을 말합니다. 미리 하루 전에 만들어
두고 다음 날 반죽에 일부를 넣으면 계량제를 사용하지 않아도 반죽이 잘 부풀어 오르고 더욱 부드러운
빵을 만들 수 있습니다. 이렇게 만든 반죽은 냉장 보관하여 3일 동안 쓸 수 있습니다.

Ingredients　　　□ 밀가루 500g　　　　　　□ 생이스트 1g　　　　　　□ 물 320g

만드는 방법

01 물에 생이스트를 넣고 녹을 때까지
충분히 섞는다.

02 믹서에 밀가루를 넣는다.

03 2에 1을 넣는다.

04 저속(1단)에서 2분, 중속(2단)에서 2분
정도 섞는다.

05 실온에서 4시간 동안 발효시킨 후
냉장실(5℃)에서 12시간 숙성시킨다.

빵을 만들기 전에 꼭 읽어주세요.

- 반죽은 손반죽이 아닌 가정에서 쓸 수 있는 스탠드믹서를 사용했습니다.
- 발효시킬 때는 볼에 랩을 씌우거나 광목천을 덮어두었습니다. 볼에 랩을 덮는 방법 외에도 공기가 통하지 않는 밀폐된 곳이면 다 가능합니다. 반죽을 뜨거운 물과 함께 발효통에 넣거나 오븐 속에 넣는 것도 좋은 방법입니다.
- 전체적인 과정은 26~30℃의 실내에서 이루어졌고, 발효시킬 때는 실온 28~30℃, 습도 60~70%로 진행되었습니다. 가능한 이상적인 환경을 만드는 것이 좋습니다.
- 오븐은 위, 아래 열선이 두 군데 있는 일반 가정용 오븐을 사용했습니다. 가정용 오븐의 경우, 미리 예열을 하더라도 열 손실이 많으므로 실내 온도를 너무 차갑게 하지 않는 것이 좋습니다.
- 재료의 계량 · 반죽 · 발효 · 성형의 기본 원칙이 있더라도, 반죽의 상태나 주변환경에 맞게 조정해야 합니다.
- 버터는 무염버터, 이스트는 생이스트, 물은 일반 수돗물을 사용했습니다.

아침 식탁

기분 좋은 아침을 여는 모닝빵

시금치 모닝롤

찰고구마빵

콩 모닝롤

부엌에서 만드는 홈메이드 식빵

빵 드 미

녹차 식빵

당근 시금치 식빵

호밀 식빵

봄쑥 식빵

SPINACH MORNING ROLL

시금치 모닝롤

분량 80g×10개 **총 시간** 3시간 30분 **온도** 180℃ **굽기** 7분 **난이도** ● ○ ○

대표적인 녹색 채소인 시금치가 들어간 시금치 모닝롤은 특히 성장기 어린이나 임신부들이 즐기기에 좋은 빵입니다. 시금치뿐만 아니라 부드럽고 탄력 있는 오렌지색의 콜비잭치즈와 향긋한 과일 향이 나는 핑크페퍼의 조합이 적절한 포만감과 함께 기분 좋은 상큼함을 전해줄 거예요.

Ingredients

- □ 강력분 300g
- □ 설탕 30g
- □ 소금 5g
- □ 분유 7g
- □ 종 반죽 50g

- □ 물 240g
- □ 이스트 9g
- □ 버터 40g
- □ 시금치 60g
- □ 콜비잭치즈 60g

- □ 핑크페퍼 1g

Ready

1. 버터는 실온에 30분 이상 꺼내둔다.
2. 물에 이스트를 넣고 충분히 푼다.
3. 시금치는 깨끗이 씻어 2㎝ 정도의 크기로 썬다.
4. 콜비잭치즈는 사방 1㎝ 정도의 크기로 깍둑썰기 한다.

Tip

콜비잭치즈가 반죽 표면 위로 올라오면 구울 때 녹아 퍼지거나 탈 수도 있어요. 빵 모양을 만들 때 치즈를 반죽 속으로 넣으며 만드세요.

01 믹서에 강력분, 설탕, 소금, 분유, 종 반죽, 물
에 푼 이스트를 넣는다.

02 저속(1단)에서 2분 정도 섞는다. 재료가 전체
적으로 섞이면 중속(2단)으로 올리고 4분 정
도 더 섞는다.

▶ 이때 반죽은 손에 묻어나지 않지만 아주 매끈한 상
태는 아니에요.

03 실온의 버터를 넣고 2분 정도 섞어 반죽을 완성
한다.

▶ 반죽을 손으로 늘여 보았을 때 지문이 비칠 정도까
지 충분히 섞으세요. 완성된 반죽 온도는 27~28℃예요.

04 반죽을 꺼내 볼에 담고 시금치, 콜비잭치즈,
핑크페퍼를 넣어 손으로 섞는다.

05 반죽을 매끄럽게 둥글린다.

06 볼에 반죽을 담고 랩을 씌워 따뜻한 곳(30℃
정도)에서 1시간 정도 1차 발효시킨다.

07 발효가 끝난 반죽을 스크레이퍼로 80g씩 10개로 분할한다.

▶ 필링이 어느 한 곳에 치우치지 않도록 골고루 잘 섞으세요.

08 분할한 반죽을 둥글리기 하여 바닥 부분을 매끄럽게 정리한다.

09 오븐팬에 반죽을 올린 후 랩을 씌워 20분 정도 중간 발효시킨다.

10 발효시킨 반죽을 손으로 살짝 눌러 가스를 뺀 후 다시 한 번 둥글리기 한다.

11 오븐팬에 테프론 시트를 깔고 반죽을 올린 후 랩을 씌워 50분 정도 2차 발효시킨다.

▶ 예열 발효가 끝날 즈음 오븐을 180℃로 예열하세요.

12 예열한 오븐에 넣고 7분 정도 굽는다.

SWEET POTATO BREAD

찰고구마빵

분량 100g×6개   **총 시간** 3시간 30분   **온도** 180℃   **굽기** 12분   **난이도** ● ● ○

단맛이 강한 고구마와 고소한 검은깨, 그리고 찹쌀을 듬뿍 넣어 만든 찰고구마빵. 찹쌀의 쫄깃한 식감이 빵에서도 고스란히 살아있어 마치 떡을 먹는 듯한 기분을 즐길 수 있을 거예요. 식은 후에도 이 쫄깃함 덕분에 부담 없이 먹을 수 있는 빵이에요.

Ingredients

□ 강력분 300g
□ 설탕 25g
□ 소금 6g
□ 종 반죽 50g
□ 물 220g
□ 이스트 9g

□ 버터 30g
□ 검은깨 10g

[찰고구마 필링]
□ 찹쌀가루 130g
□ 설탕 30g
□ 소금 2g
□ 뜨거운 물 15g
□ 구운 고구마 130g

Ready

1. 버터는 실온에 30분 이상 꺼내둔다.
2. 고구마는 미리 구워 사방 1㎝ 정도의 크기로 깍뚝썰기 한다.
3. 찰고구마 필링은 실온의 찹쌀가루, 설탕, 소금에 뜨거운 물을 넣고 손으로 반죽한 다음 구운 고구마를 섞어 50g씩 분할한다.
   찹쌀가루의 경우 쓰는 종류에 따라 수분 함량이 다르므로 뜨거운 물을 조절해가며 넣으세요.
4. 물에 이스트를 넣고 충분히 푼다.

찰고구마 필링 만들기

01 믹서에 강력분, 설탕, 소금, 종 반죽, 물에 푼 이
스트를 넣는다.

02 저속(1단)에서 2분 정도 섞는다. 재료가 전체적
으로 섞이면 중속(2단)으로 올리고 4분 정도 더
섞는다.
▶ 이때 반죽은 손에 묻어나지 않지만 아주 매끈한 상태는
아니에요.

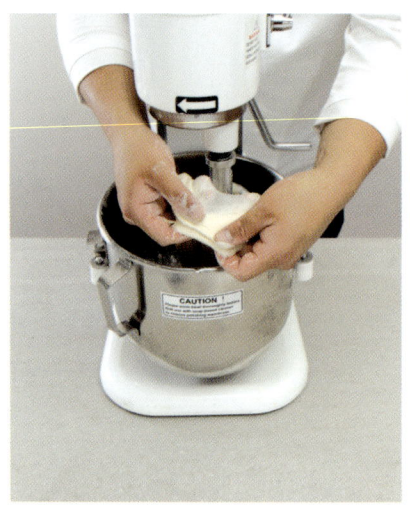

03 실온의 버터를 넣고 2분 정도 더 섞어 반죽을
완성한다.
▶ 반죽을 손으로 늘여 보았을 때 지문이 비칠 정도까지 충
분히 섞으세요. 완성된 반죽 온도는 27~28℃예요.

04 반죽을 꺼내 볼에 담고 검은깨를 넣어 손으로
섞는다.

05 반죽을 매끄럽게 둥글린다.

06 볼에 반죽을 담고 랩을 씌워 따듯한 곳(30℃ 정도)에서 1시간 정도 1차 발효시킨다.

07 발효가 끝난 반죽을 스크레이퍼로 100g씩 6개로 분할한다.

08 분할한 반죽을 둥글리기 하여 바닥 부분을 매끄럽게 정리한다.

09 오븐팬에 반죽을 올린 후 랩을 씌워 20분 정도 중간 발효시킨다.

10 반죽을 손으로 눌러 가스를 뺀다.

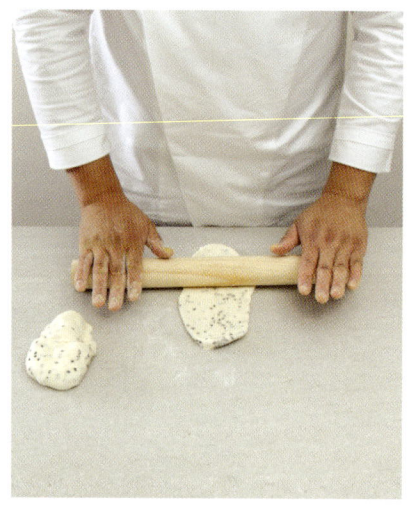

11 반죽을 밀대로 밀어 긴 타원형으로 편다.

12 준비한 찰고구마 필링을 밀대로 밀어 타원형으로 편 다음 반죽 위에 올린다.

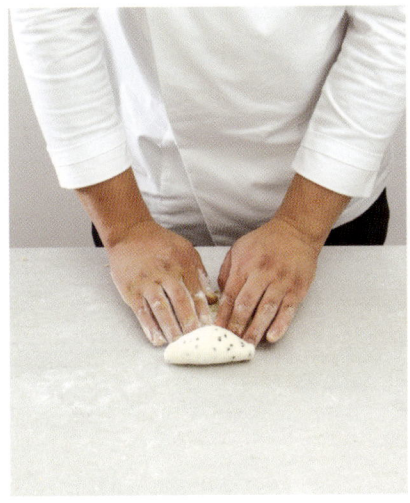

13 반죽을 돌돌 말아 길쭉하게 만들고 반죽의 이음새가 터지지 않도록 손끝으로 집는다.

14 테프론 시트를 깐 오븐팬에 반죽을 올린다.

15 오븐팬에 테프론 시트를 깔고 반죽을 올린 후 랩을 씌워 60분 정도 2차 발효시킨다.

▶ 예열 발효가 끝날 즈음 오븐을 180℃로 예열하세요.

16 반죽 윗면에 찹쌀가루를 살짝 뿌려 예열한 오븐에 넣고 12분 정도 굽는다.

BEAN MORNING ROLL

콩 모닝롤

분량 60g×16개　　**총 시간** 3시간 30분　　**온도** 180℃　　**굽기** 7분　　**난이도** ●○○

작고 동그란 모닝롤은 촉촉하고 부드러워 아침 식사용으로 부담 없이 즐길 수 있는 기본적인 빵입니다. 적당량의 버터와 달걀, 분유가 들어간 반죽에 삶은 서리태콩을 듬뿍 넣어 고소한 맛과 단맛을 더했기 때문에 그냥 먹어도 한 끼 식사로 손색이 없습니다.

Ingredients

□ 강력분 320g　　　　□ 중 반죽 50g　　　　□ 전처리 한 서리태콩 120g
□ 박력분 80g　　　　 □ 물 130g　　　　　　□ 달걀물 적당량
□ 설탕 60g　　　　　 □ 이스트 14g
□ 소금 7g　　　　　　□ 달걀(전란) 110g
□ 분유 12g　　　　　 □ 버터 60g

Ready

1. 전처리 한 서리태콩을 준비하기 어렵다면, 서리태콩을 끓는 물에 삶아 식힌다.
2. 버터는 실온에 30분 이상 꺼내둔다.
3. 달걀물은 달걀을 잘 풀어 체로 한 번 걸러낸다.
4. 물에 이스트를 넣고 충분히 푼다.

Tip

서리태콩을 직접 삶을 때는 하루 전날 미리 물에 불린 후 삶으세요. 콩을 좋아하지 않는 분들은 원하는 만큼 설탕을 넣어 조금 달게 드셔도 좋습니다. 콩 모닝롤은 그냥 먹어도 좋지만, 잼이나 버터 등을 발라 먹거나 원하는 재료를 조합해 간단한 샌드위치로 활용해도 좋습니다.

01 믹서에 강력분, 박력분, 설탕, 소금, 분유, 종 반
죽, 물에 푼 이스트, 달걀을 넣는다.

02 저속(1단)에서 2분 정도 섞는다. 재료가 전체적
으로 섞이면 중속(2단)으로 5분 정도 더 섞는다.
▶ 이때 반죽은 손에 묻어나지 않지만 아주 매끈한 상태는
아니예요.

03 실온의 버터를 넣고 2분 정도 섞어 반죽을 완
성한다.
▶ 반죽을 손으로 늘여 보았을 때 지문이 비칠 정도까지 충
분히 섞으세요. 완성된 반죽 온도는 26℃ 정도예요.

04 반죽을 꺼내 볼에 담고 전처리 한 서리태콩을 넣
어 손으로 섞는다.

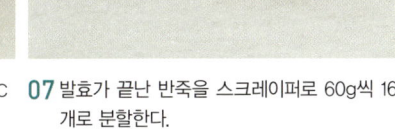

05 반죽을 매끄럽게 둥글린다.

06 볼에 반죽을 담고 랩을 씌워 따뜻한 곳(30℃ 정도)에서 1시간 정도 1차 발효시킨다.
▶ 반죽을 손가락으로 눌러 자국이 그대로 남으면 잘 발효된 것이에요.

07 발효가 끝난 반죽을 스크레이퍼로 60g씩 16개로 분할한다.

08 분할한 반죽을 둥글리기 하여 바닥 부분을 매끄럽게 정리한다.

09 반죽을 오븐팬에 올린 후 랩을 씌워 20분 정도 중간 발효시킨다.

10 발효시킨 반죽을 손으로 살짝 눌러 가스를 뺀다.

11 가스를 뺀 반죽을 다시 한 번 둥글리기 한다.

12 오븐팬에 테프론 시트를 깔고 반죽을 올린 후 50분 정도 2차 발효시킨다.

▶ 예열 발효가 끝날 즈음 오븐을 180℃로 예열하세요.

13 발효가 끝난 반죽 윗면에 붓으로 달걀물을 바른다.

14 예열한 오븐에 넣고 7분 정도 굽는다.

PAIN DE MIE

뺑 드 미

분량 320g×2개 　 **총 시간** 4시간 　 **온도** 180℃ 　 **굽기** 30분 　 **난이도** ● ● ○

불어로 '부드러운 속살을 가진 식빵'이라는 뜻의 뺑 드 미. 여기서 '미mie'가 바로 빵의
속살을 의미합니다. 그만큼 빵의 속살이 관건인 식빵이지요. 덮개를 덮어 굽기 때문에
결이 촘촘하고 조밀하며 네모난 모양으로 완성됩니다. 이름처럼 부드럽고 촉촉한 결이
무척이나 매력적인 빵입니다.

Ingredients

- □ 강력분 300g
- □ 설탕 24g
- □ 소금 6g
- □ 분유 10g
- □ 종 반죽 60g

- □ 물 200g
- □ 이스트 12g
- □ 버터 36g

Ready

1. 버터는 실온에 30분 이상 꺼내둔다.
2. 물에 이스트를 넣고 충분히 푼다.

Tip

기본이 되는 식빵인 뺑 드 미는 그 자체로 즐기는 것도 좋지만, 샌드위치나 전채 요리의 카나페용으
로 활용하면 다른 재료들과 잘 어울려 더욱 심플한 매력을 즐길 수 있어요. 한편 뺑 드 미는 발효시키
는 공정이 무척 중요한데, 특히 2차 발효에서 식빵팬 높이를 기준으로 3~4㎝ 정도 아래로 부풀어 오
를 때까지 발효시키세요.

01 믹서에 강력분, 설탕, 소금, 분유, 종 반죽, 물에
푼 이스트를 넣는다.

02 저속(1단)에서 2분 정도 섞는다. 재료가 전체적
으로 섞이면 중속(2단)으로 올리고 4분 정도 더
섞는다.
▶ 이때 반죽은 손에 묻어나지 않지만 아주 매끈한 상태는
아니에요.

03 실온의 버터를 넣고 3분 정도 더 섞어 반죽을
완성한다.
▶ 반죽을 손으로 늘여 보았을 때 지문이 비칠 정도까지 충
분히 섞으세요. 완성된 반죽 온도는 27~28℃예요.

04 반죽을 매끄럽게 둥글린다.

05 볼에 반죽을 담고 랩을 씌워 따뜻한 곳(30℃ 정도)에서 1시간 정도 1차 발효시킨다.

06 발효가 끝난 반죽을 스크레이퍼로 320g씩 2개로 분할한다.

07 분할한 반죽을 둥글리기 하여 반죽의 바닥 부분을 매끄럽게 정리한다.

08 오븐팬에 반죽을 올린 후 랩을 씌워 20분 정도 중간 발효시킨다.

09 반죽을 손으로 살짝 눌러 가스를 뺀다.

10 반죽을 밀대로 밀어 긴 타원형 모양으로 편다.

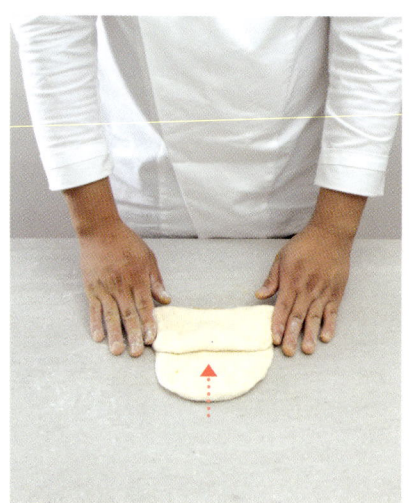

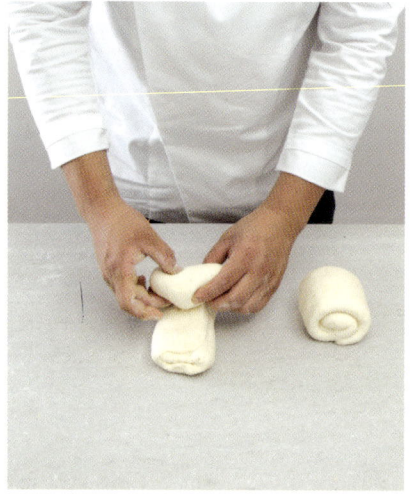

11 반죽의 양 끝을 ⅓씩 안쪽으로 접어 포개고 끝
부분은 손바닥으로 눌러 붙인다.

12 반죽을 세로로 놓고 안쪽으로 돌돌 만 다음 이음
새가 터지지 않도록 손끝으로 집는다.
▶ 반죽의 시작점을 삼각형으로 접고 아래쪽으로 잡아당기
듯 말아주세요.

13 반죽을 식빵팬 가장자리에 붙여 넣는다.

14 식빵팬에 랩을 씌워 60분 정도 2차 발효시킨다.
▶ 예열 발효가 끝날 즈음 오븐을 180℃로 예열해주세요.

15 발효가 끝난 식빵팬에 덮개를 끼워 넣는다.

16 예열한 오븐에 반죽을 넣고 30분 정도 굽는다.
▶ 오븐에서 식빵팬을 꺼낼 때는 바닥에 살짝 내리친 다음 식빵을 빠르게 빼내야 모양이 변형되지 않아요.

GREEN TEA BREAD

녹차 식빵

분량 300g×2개 **총 시간** 4시간 **온도** 180℃ **굽기** 30분 **난이도** ● ● ○

녹차가루의 은은한 향이 느껴지는 녹차 식빵은 녹차 특유의 쌉싸래한 맛과 팥이 내는 고소한 단맛이 멋지게 어우러집니다. 여기에 상큼한 오렌지 잼이나 크림치즈를 곁들이 면 더욱 풍성한 맛을 즐길 수 있답니다.

Ingredients

☐ 강력분 210g   ☐ 종 반죽 42g   ☐ 팥배기 105g
☐ 녹차가루 21g   ☐ 물 140g
☐ 설탕 25g   ☐ 이스트 8g
☐ 소금 4g   ☐ 달걀(전란) 22g
☐ 분유 6g   ☐ 버터 25g

Ready

1. 버터는 실온에 30분 이상 꺼내둔다.
2. 팥배기는 실온에 미리 꺼내둔다.
   필링을 냉장고에서 미리 꺼내 놓지 않으면 반죽 온도가 기준 온도보다 낮아져 발효가 느려집니다.
3. 물에 이스트를 넣고 충분히 푼다.

Tip

녹차가루는 실온에 두면 산화되어 변색되므로, 쓰고 남은 녹차는 빛이 통하지 않는 용기에 담아 보관 하세요.

01 믹서에 강력분, 녹차가루, 설탕, 소금, 분유, 종
반죽, 물에 푼 이스트, 달걀을 넣는다.

02 저속(1단)에서 2분 정도 섞는다. 재료가 전체적
으로 섞이면 중속(2단)으로 올리고 4분 정도 더
섞는다.
▶ 이때 반죽은 손에 묻어나지 않지만 아주 매끈한 상태는
아니에요.

03 실온의 버터를 넣고 3분 정도 섞어 반죽을 완성
한다.
▶ 반죽을 손으로 늘여 보았을 때 지문이 비칠 정도까지 충
분히 섞으세요. 완성된 반죽 온도는 27~28℃예요.

04 반죽을 꺼내 볼에 담고 팥배기를 넣어 손으로
섞는다.

05 반죽을 매끄럽게 둥글린다.

06 볼에 반죽을 담고 랩을 씌워 따뜻한 곳(30℃ 정도)에서 1시간 정도 1차 발효시킨다.

07 발효가 끝난 반죽을 스크레이퍼로 300g씩 2개로 분할한다.

08 분할한 반죽을 둥글리기 하여 바닥 부분을 매끄럽게 정리한다.

09 볼에 반죽을 담고 랩을 씌워 20분 정도 중간 발효시킨다.

10 반죽을 손으로 눌러 가스를 뺀다.

11 반죽을 밀대로 밀어 긴 타원형으로 만든다.

12 반죽의 양 끝을 ⅓씩 안쪽으로 접어 포개고 끝부분은 손바닥으로 눌러 붙인다.

13 반죽을 세로로 놓고 돌돌 만 다음 이음새가 터
지지 않도록 손끝으로 집는다.

▶ 반죽의 시작점을 삼각형으로 접어 안쪽으로 넣고 아래쪽
으로 잡아당기듯 강하게 말아주세요.

14 반죽을 식빵팬 가장자리에 붙여 넣는다.

15 식빵팬에 랩을 씌워 60분 정도 2차 발효시킨다.

▶ 예열 발효가 끝날 즈음 오븐을 180℃로 예열하세요.

16 예열한 오븐에 반죽을 넣고 30분 정도 굽는다.

▶ 오븐에서 식빵팬을 꺼낼 때는 바닥에 살짝 내리친 다음 식
빵을 빠르게 빼내야 모양이 변형되지 않아요.

CARROT SPINACH BREAD

당근 시금치 식빵

분량 300g×2개 **총 시간** 4시간 **온도** 180℃ **굽기** 30분 **난이도** ● ● ○

당근과 시금치를 이용하여 만든 특별한 야채 식빵. 삶은 당근을 갈아 만든 반죽에 잘게 자른 시금치를 넣어 만들었습니다. 당근의 씹히는 맛이 좋다면, 다 으깨지 말고 잘게 잘라 넣어도 좋아요. 당근, 시금치의 담백함과 식감이 살아있는 건강한 빵이라 아이들이 먹기에도 그만입니다.

Ingredients

□ 강력분 230g □ 물 50g
□ 설탕 18g □ 이스트 8g
□ 소금 4g □ 삶은 당근 150g
□ 분유 8g □ 버터 22g
□ 종 반죽 40g □ 시금치 75g

Ready

1. 버터는 실온에 30분 이상 꺼내둔다.
2. 삶은 당근을 믹서로 갈아 퓌레로 만들고 냉장 발효시킨다.
3. 시금치는 깨끗이 씻어 물기를 뺀 다음 2㎝ 정도의 크기로 자른다.
4. 물에 이스트를 넣고 충분히 푼다.

Tip

영양소가 풍부한 당근을 퓌레로 만들 때는, 당근을 얇게 채 썰어 끓는 물에 빠르게 익히면 비타민 손실을 최소화할 수 있어요.

01 믹서에 강력분, 설탕, 소금, 분유, 종 반죽, 물에
풀 이스트, 당근 퓌레를 넣는다.

02 저속(1단)에서 2분 정도 섞는다. 재료가 전체적
으로 섞이면 중속(2단)으로 올리고 4분 정도 더
섞는다.
▶ 이때 반죽은 손에 묻어나지 않지만 아주 매끈한 상태는
아니에요.

03 실온의 버터를 넣고 3분 정도 섞어 반죽을 완성
한다.
▶ 반죽을 손으로 늘여 보았을 때 지문이 비칠 정도까지 충
분히 섞으세요. 완성된 반죽 온도는 27~28℃예요.

04 반죽을 꺼내 볼에 담고 시금치를 넣어 손으로
섞는다.

05 반죽을 매끄럽게 둥글린다.

06 볼에 담고 랩을 씌워 따뜻한 곳(30℃ 정도)에서
1시간 정도 1차 발효시킨다.

07 발효가 끝난 반죽을 스크레이퍼로 300g씩 2개
로 분할한다.

08 분할한 반죽을 둥글리기 하여 바닥 부분을 매끄
럽게 정리한다.

09 반죽을 오븐팬에 올린 후 랩을 씌워 20분 정도 중간 발효시킨다.

10 반죽을 손으로 눌러 가스를 뺀다.

11 반죽을 밀대로 밀어 긴 타원형으로 만든다.

12 반죽의 양 끝을 ⅓씩 안쪽으로 접어 포개고 끝부분은 손바닥으로 눌러 붙인다.

13 반죽을 세로로 놓고 돌돌 만 다음 이음새가 터
지지 않도록 손끝으로 집는다.

  ▶ 반죽의 시작점을 삼각형으로 접어 안쪽으로 넣고 아래쪽
  으로 잡아당기듯 강하게 말아주세요.

14 반죽을 식빵팬 가장자리에 붙여 넣는다.

15 식빵팬에 랩을 씌워 60분 정도 2차 발효시킨다.

  ▶ 예열 발효가 끝날 즈음 오븐을 180℃로 예열하세요.

16 예열한 오븐에 반죽을 넣고 30분 정도 굽는다.

  ▶ 오븐에서 식빵팬을 꺼낼 때는 바닥에 살짝 내리친 다음 식
  빵을 빠르게 빼내야 모양이 변형되지 않아요.

RYE BREAD

호밀 식빵

분량 1000g×1개 **총 시간** 4시간 **온도** 170℃ **굽기** 40분 **난이도** ● ● ○

비교적 입자가 거친 호밀과 통밀. 식감이 거친 두 재료가 만난 식빵이에요. 무엇보다 호밀과 통밀이 건강하게 씹히는 즐거움과 발효된 호밀 향의 담백함을 느낄 수 있습니다. 성형 과정에서 틀에 넣기 때문에 만들기 쉽고 일정한 모양을 유지할 수 있어 샌드위치로 만들어 먹어도 좋아요.

Ingredients

□ 호밀가루 250g　　　□ 물 270g
□ 전립분 250g　　　　□ 이스트 15g
□ 설탕 30g　　　　　　□ 버터 60g
□ 소금 7g　　　　　　 □ 호밀가루 적당량
□ 종 반죽 200g

Ready

1. 버터는 실온에 30분 이상 꺼내둔다.
2. 물에 이스트를 넣고 충분히 푼다.

Tip

호밀 식빵은 다른 빵에 비해 믹싱할 때 글루텐이 적게 만들어져요. 반죽을 둥글게 말 때 되도록 힘을 적게 주어 반죽이 찢어지지 않도록 조심하세요.

01 믹서에 호밀가루, 전립분, 설탕, 소금, 종 반죽, 물에 푼 이스트를 넣는다.

02 저속(1단)에서 2분 정도 섞는다. 재료가 전체적으로 섞이면 중속(2단)으로 올리고 2분 정도 더 섞는다.

▶ 이때 반죽은 손에 묻어나지 않지만 아주 매끈한 상태는 아니에요.

03 실온의 버터를 넣고 2분 정도 더 섞어 반죽을 완성한다.

▶ 반죽을 손으로 늘여 보았을 때 지문이 비칠 정도까지 충분히 섞으세요. 완성된 반죽 온도는 24℃ 정도예요.

04 반죽을 매끄럽게 둥글린다.

05 볼에 담고 랩을 씌워 따뜻한 곳(30℃ 정도)에서 1시간 정도 1차 발효시킨다.

06 발효가 끝나면 반죽을 손으로 살짝 눌러 가스를 뺀다.

07 반죽을 밀대로 밀어 긴 타원형 모양으로 편다.

08 반죽을 가볍게 말고 이음새도 터지지 않도록 손끝으로 집는다.

▶ 반죽을 가볍게 말아야 2차 발효시킬 때 반죽 윗면이 터지지 않아요.

09 식빵팬에 반죽을 넣는다.

10 식빵팬에 랩을 씌워 40~50분 정도 2차 발효시킨다.

▶ [예열] 발효가 끝날 즈음 오븐을 170℃로 예열하세요.

11 발효가 끝난 반죽에 호밀가루를 뿌린다.

12 예열한 오븐에 반죽을 넣고 40분 정도 굽는다.

▶ 오븐에서 식빵팬을 꺼낼 때는 바닥에 살짝 내리쳐 식빵을 빠르게 빼내야 모양이 변형되지 않아요.

SPRING MUGWORT BREAD

봄쑥 식빵

분량 600g×1개   **총 시간** 4시간   **온도** 180℃   **굽기** 35분   **난이도** ● ● ○

향긋한 쑥과 찹쌀 반죽을 이용하여 만든 것으로, 쫀득한 쑥떡이 연상되는 식빵입니다. 쑥을 살짝 데쳐서 냉동시키면 오랫동안 보관할 수 있어 한 번 만들어 놓으면 사계절 내내 향긋한 쑥 빵을 만들 수 있어요.

Ingredients

□ 강력분 260g	□ 이스트 8g	**[찹쌀 반죽]**
□ 설탕 18g	□ 달걀(전란) 52g	찹쌀가루 300g
□ 소금 5g	□ 버터 22g	설탕 70g
□ 종 반죽 40g	□ 전처리 한 쑥 52g	소금 4g
□ 물 140g	□ 쌀가루 적당량	뜨거운 물(80~90℃) 40g

Ready

1. 버터는 실온에 30분 이상 꺼내둔다.
2. 쑥은 깨끗이 씻어 끓는 물에 살짝 데쳐서 식힌다.
3. 찹쌀 반죽은 모든 재료를 섞어 만든다.
4. 물에 이스트를 넣고 충분히 푼다.

Tip

쑥을 고를 때는 전체적으로 초록색보다 약간 회색 빛이 도는 초록색이 좋아요. 뿌리 부근에는 붉은 색이 도는 게 보다 좋은 쑥입니다. 또한 쑥과 같은 녹색 채소는 끓는 물에 데치면 그 색이 더 강해지지만, 시간이 오래 지난 후에는 약간 검게 변해요. 녹색을 유지하고 싶다면 물에 살짝 데친 후 얼려 보관하면 해동한 후에도 녹색이 유지됩니다. 너무 오래 데치지 않도록 주의하세요.

01 믹서에 강력분, 설탕, 소금, 종 반죽, 물에 푼 이스
트, 달걀을 넣는다.

02 저속(1단)에서 2분 정도 섞는다. 재료가 전체적
으로 섞이면 중속(2단)으로 올리고 5분 정도 더
섞는다.
▶ 이때 반죽은 손에 묻어나지 않지만 아주 매끈한 상태는
아니에요.

03 실온의 버터를 넣고 3분 정도 섞어 반죽을 완성
한다.
▶ 반죽을 손으로 늘려 보았을 때 지문이 비칠 정도까지 충
분히 섞으세요. 완성된 반죽 온도는 27~28℃예요.

04 반죽을 꺼내 볼에 담고 전처리 한 쑥을 넣어 손으
로 섞는다.

05 반죽을 매끄럽게 둥글린다.

06 볼에 반죽을 담고 랩을 씌워 따뜻한 곳(30℃ 정도)에서 1시간 정도 1차 발효시킨다.

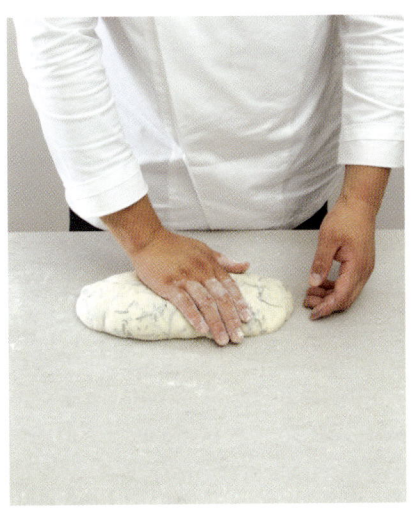

07 발효가 끝난 반죽을 손으로 눌러 가스를 뺀다.

08 오븐팬에 반죽을 올린 후 랩을 씌워 20분 정도 중간 발효시킨다.

09 발효가 끝난 반죽을 다시 한 번 손으로 살짝 눌
러 가스를 뺀다.

10 반죽을 밀대로 밀어 긴 타원형으로 편다.

11 준비한 찹쌀 반죽을 밀대로 밀어 긴 타원형으로
편 다음 반죽 위에 올린다.

12 반죽을 강하게 말고 이음새도 터지지 않도록 손
끝으로 집는다.

13 식빵팬에 반죽을 넣는다.

14 랩을 씌워 40∼50분 정도 2차 발효시킨다.
▶ 예열 발효가 끝날 즈음 오븐을 180℃로 예열하세요.

15 발효가 끝난 반죽에 쌀가루를 뿌린다.

16 예열한 오븐에 반죽을 넣고 35분 정도 굽는다.
▶ 오븐에서 식빵팬을 꺼낼 때는 바닥에 살짝 내리친 다음 식빵을 빠르게 빼내야 모양이 변형되지 않아요.

CHAPTER 2 P.M. 12:00

점심 식탁

TOMATO BACON FOCACCIA

토마토 베이컨 포카치아

분량 370g×2개 **총 시간** 4시간 30분 **온도** 200℃ **굽기** 15분 **난이도** ● ● ○

이탈리아의 전통 빵인 포카치아는 오븐이 발명되기 전에 태어난 빵입니다. 피자와 같은 화덕 빵에서 유래하여 밀가루와 이스트를 넣고 납작하게 구워 만듭니다. 여기에서는 포카치아 반죽에 토마토와 베이컨을 함께 구워 토마토의 감칠맛과 베이컨의 바삭함, 포카치아의 쫄깃한 식감을 동시에 느낄 수 있어요.

Ingredients

- □ 강력분 270g
- □ 중력분 30g
- □ 물 210g
- □ 이스트 3g
- □ 종 반죽 60g
- □ 올리브오일 15g
- □ 소금 5g
- □ 구운 베이컨 75g
- □ 드라이 토마토(시판용) 75g

Ready

1. 베이컨은 미리 오븐에 구워 1㎝ 정도의 크기로 자른다.
2. 올리브오일은 잘 밀폐시켜 실온에 보관한다.

   올리브오일은 공기와 만나면 산화되어 쉽게 상할 수 있으니 밀폐한 후 그늘진 곳에 보관하세요. 투명 유리병보다는 짙은 갈색 유리병에 담는 것이 좋아요.

Tip

드라이 토마토를 직접 만드는 방법
a. 오븐을 100℃로 예열한다.
b. 토마토는 깨끗이 씻고 꼭지를 제거한 후 물기를 말린다.
c. 오븐팬에 유산지를 깔고 토마토를 반으로 잘라 깔아 놓는다.
d. 토마토 윗면에 소금을 살짝 뿌린다.
e. 10분 정도 지난 뒤 토마토 윗면에 수분이 올라오면 키친타월 등으로 살짝 눌러 수분을 제거한다.
f. 오븐에 토마토를 넣고 1~2시간 동안 말린다. 온도가 너무 높으면 토마토가 아예 구워지므로 유의한다.

01 믹서에 강력분, 중력분, 물을 넣고 저속으로 2분 정도 섞는다.

02 실온에서 30분 정도 휴지시킨다.

03 이스트, 종 반죽을 넣고 저속(1단)으로 2분 정도 섞는다.

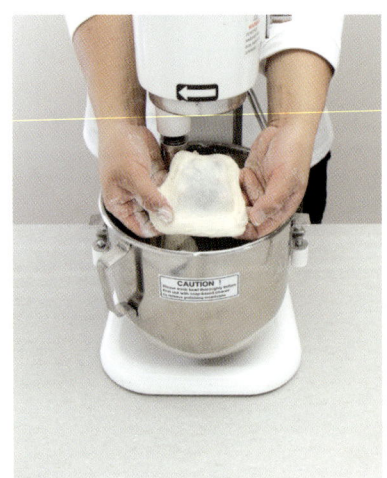

04 올리브오일, 소금을 넣고 저속(1단)으로 2분 정도 섞는다.
▶ 이때 반죽은 수분이 많아 약간 늘어진 상태로 끈기가 있고 손으로 반죽을 당겼을 때 얇은 막이 형성되어 있어요. 완성된 반죽 온도는 24℃ 정도예요.

05 반죽을 꺼내 볼에 담고 구운 베이컨과 드라이 토마토를 넣어 손으로 섞는다.

06 반죽을 매끄럽게 둥글린다.

07 볼에 반죽을 담고 랩을 씌워 따뜻한 곳(30℃)에서 40분 정도 1차 발효시킨다.
▶ 볼에 덧가루 대신 올리브오일을 바르면 가스를 뺄 때 수월하게 작업할 수 있어요.

08 발효시킨 반죽을 손으로 살짝 누르고 한 번 접어 1차로 가스를 뺀다.

09 볼에 반죽을 담고 랩을 씌워 40분 정도 중간 발효시킨다.

10 밀가루를 뿌린 광목천 위에 반죽을 올린 다음 손으로 살짝 눌러 2차로 가스를 뺀다.
▶ 광목천 위에 밀가루를 골고루 뿌려야 2차 발효 후 반죽이 천에서 잘 떨어져요.

11 반죽을 스크레이퍼로 370g씩 2등분한다.

12 반죽이 붙지 않도록 광목천에 주름을 잡아 반죽을 올린 다음 천으로 덮어 40분 정도 2차 발효시킨다.
▶ 예열 발효가 끝날 즈음 오븐을 200℃로 예열하고, 스팀 효과를 위해 작은 돌이 든 틀을 오븐 안에 넣으세요.

13 테프론 시트를 깐 오븐팬에 반죽을 올린다.

14 예열한 오븐에 반죽을 넣고 15분 정도 굽는다.

▶ 반죽을 오븐에 넣기 전 함께 예열한 돌에 물을 부어 스팀을 내세요.

CHEESE POTATO CIABATTA

치즈 감자 치아바타

분량 210g×4개　**총 시간** 4시간 30분　**온도** 200℃　**굽기** 10분　**난이도** ●●○

'슬리퍼'라는 뜻을 가진 치아바타. 납작하고 길게 늘어진 모양이 슬리퍼를 떠올리게 합니다. 쫄깃하고 담백한 치아바타는 감자와 고다치즈를 얹어 먹거나 올리브오일에 찍어 먹으면 더욱 맛있게 즐길 수 있어요.

Ingredients

☐ 강력분 300g
☐ 소금 5g
☐ 종 반죽 30g
☐ 물 230g
☐ 이스트 3g

☐ 삶은 감자 100g
☐ 올리브오일 21g
☐ 고다치즈 150g

Ready

1. 고다치즈는 사방 0.5㎝ 정도의 크기로 깍뚝썰기 한다.
2. 감자는 미리 삶아 껍질을 벗기고 사방 2㎝ 정도의 크기로 깍뚝썰기 한다.
3. 올리브오일은 잘 밀폐시켜 실온에 보관한다.
4. 물에 이스트를 넣고 충분히 푼다.

Tip

담백하고 쫄깃한 맛을 가진 치아바타는 이탈리아식 바게트라고 할 수 있어요. 샌드위치로 활용하기 그만인 빵이지요. 치아바타에 올리브오일이나 바닷소금을 살짝 곁들이면 그 자체로도 맛있게 즐길 수 있어요.

01 믹서에 강력분, 소금, 종 반죽, 물에 푼 이스트, 삶은 감자를 넣는다.

02 저속(1단)에서 2분 정도 섞는다. 재료가 전체적으로 섞이면 중속(2단)으로 올리고 6분 정도 더 섞는다.
▶ 이때 반죽은 손에 묻어나지 않지만 아주 매끈한 상태는 아니에요.

03 올리브오일을 넣고 중속(2단)으로 2분 정도 섞는다.
▶ 반죽은 수분이 많아 약간 늘어진 상태로 끈기가 있고 손으로 반죽을 당겼을 때 얇은 막이 형성된 상태예요. 완성된 반죽 온도는 24℃ 정도예요.

04 반죽을 꺼내 볼에 담고 손질한 고다치즈를 넣어 손으로 섞는다.

05 반죽을 매끄럽게 둥글린다.

06 볼에 반죽을 담고 랩을 씌워 따뜻한 곳(30℃
정도)에서 40분 정도 1차 발효시킨다.
▶ 볼에 덧가루 대신 올리브오일을 바르면 가스를 뺄 때
수월하게 작업할 수 있어요.

07 발효시킨 반죽을 손으로 가볍게 누르고 한 번
접어 1차로 가스를 뺀다.

08 볼에 반죽을 담고 랩을 씌워 40분 정도 중간
발효시킨다.

09 밀가루를 뿌린 광목천 위에 반죽을 올린 다
음 손으로 눌러 2차로 가스를 뺀다.
▶ 광목천 위에 밀가루를 골고루 뿌려야 2차 발효 후 반
죽이 천에서 잘 떨어져요.

10 깨끗한 자를 이용해 18cm(가)×8cm(세) 크기로
만들어 4등분할 수 있게 살짝 표시한다.

11 반죽을 스크레이퍼로 4등분한다.

12 반죽이 서로 붙지 않도록 광목천에 주름을 잡아 반죽을 올리고 천으로 덮어 50분 정도 2차 발효시킨다.

▶ 예열 발효가 끝날 즈음 오븐을 200℃로 예열하고, 스팀 효과를 위해 작은 돌이 든 틀을 오븐 안에 넣으세요.

13 테프론 시트를 깐 오븐팬에 반죽을 올린다.

14 예열한 오븐에 반죽을 넣고 10분 정도 굽는다.

▶ 반죽을 오븐에 넣기 전 함께 예열한 돌에 물을 부어 스팀을 내세요.

OLIVE CIABATTA
올리브 치아바타

분량 200g×4개　**총 시간** 4시간 30분　**온도** 200℃　**굽기** 10분　**난이도** ●●○

감자가루를 넣어 만든 올리브 치아바타는 올리브 특유의 짭조름한 맛이 매력적입니다. 여기서는 블랙올리브로 포인트를 주었지만, 취향에 따라 그린올리브를 넣어도 좋습니다. 심심한 듯 담백하고 쫄깃한 식감을 좋아한다면 올리브 치아바타를 추천해 드립니다.

Ingredients

- ☐ 강력분 290g
- ☐ 감자가루 33g
- ☐ 소금 5g
- ☐ 종 반죽 65g
- ☐ 물 270g
- ☐ 이스트 6g
- ☐ 올리브오일 33g
- ☐ 블랙올리브 95g

Ready

1. 블랙올리브는 차가운 물에 1시간 정도 담근 다음 물기를 뺀다.
2. 올리브오일은 잘 밀폐시켜 실온에 보관한다.
3. 물에 이스트를 넣고 충분히 푼다.

Tip

올리브 치아바타는 다른 치아바타에 비해 수분 양이 많아 반죽할 때 끈적이므로 글루텐 형성을 잘 확인해야 합니다.

01 믹서에 강력분, 감자가루, 소금, 종 반죽, 물
　　에 푼 이스트를 넣는다.

02 저속(1단)에서 2분 정도 섞는다. 재료가 전체
　　적으로 섞이면 중속(2단)으로 올리고 6분 정
　　도 더 섞는다.
　　▶ 이때 반죽은 손에 묻어나지 않지만 아주 매끈한 상
　　태는 아니에요.

03 올리브오일을 넣고 중속(2단)으로 2분 정도
　　섞는다.
　　▶ 반죽이 매끄럽게 잘 늘어나고 손으로 늘여 보았을 때
　　얇은 막이 형성된 상태예요. 완성된 반죽 온도는 24℃
　　정도예요.

04 반죽을 꺼내 볼에 담고 준비한 블랙올리브를
　　넣어 손으로 섞는다.

05 반죽을 매끄럽게 둥글린다.

06 볼에 반죽을 담고 랩을 씌워 따뜻한 곳(30℃
　　정도)에서 40분 정도 1차 발효시킨다.

07 발효시킨 반죽을 손으로 살짝 누르고 한 번 접어 1차로 가스를 뺀다.

08 볼에 반죽을 담고 랩을 씌워 40분 정도 중간 발효시킨다.

09 밀가루를 뿌린 광목천 위에 반죽을 올리고 손으로 눌러 2차로 가스를 뺀다.

▶ 광목천 위에 밀가루를 골고루 뿌려야 2차 발효 후 반죽이 천에서 잘 떨어져요.

10 광목천을 덮어 30분 정도 휴지시킨다.

11 깨끗한 자를 이용해 18cm(가)×8cm(세) 크기로 만들어 4등분할 수 있게 살짝 표시한다.

12 반죽을 스크레이퍼로 4등분한다.

13 반죽이 서로 붙지 않도록 광목천에 주름을 잡 아 반죽을 올리고 천으로 덮어 40분 정도 2차 발효시킨다.

▶ 예열 발효가 끝날 즈음 오븐을 200℃로 예열하고, 스팀 효과를 위해 작은 돌이 든 틀을 오븐 안에 넣으세요.

14 테프론 시트를 깐 오븐팬에 반죽을 올린다.

15 예열한 오븐에 반죽을 넣고 10분 정도 굽는다.

▶ 반죽을 오븐에 넣기 전 함께 예열한 돌에 물을 부어 스 팀을 내세요.

BASIL RUSTIQUE

바질 루스틱

분량 330g×2개   **총 시간** 4시간 30분   **온도** 220℃   **굽기** 20분   **난이도** ●●○

'전통 빵', '꾸미지 않은'이라는 뜻을 가진 루스틱은 치아바타나 바게트와 같이 심플하면
서도 담백한 맛을 가지고 있어요. 여기에 생 바질 잎을 넣어 빵 전체에 신선한 바질 향
이 감도는 매력적인 빵을 만들었어요. 겉은 바삭하지만 속은 부드러워 그냥 뜯어먹기에
도 좋고 샌드위치로 활용해도 좋습니다.

Ingredients
- ☐ 강력분 300g
- ☐ 물 240g
- ☐ 소금 6g
- ☐ 이스트 3g
- ☐ 종 반죽 50
- ☐ 바질 잎 60g

Ready   1. 바질은 깨끗이 씻어 잎을 손질한다.

Tip   여기서는 반죽을 하기 전 밀가루에 물을 섞고 15분에서 30분 정도 휴지시켰습니다. 이것을 오토리즈
반죽이라고 불러요. 이렇게 오토리즈 반죽을 쓰면 믹싱 시간을 줄일 수 있고 빵의 풍미를 최대로 끌
어올릴 수 있어요. 뿐만 아니라 질감이나 색이 좋고 더 잘 부풀어 오릅니다.

01 믹서에 강력분, 물, 소금을 넣고 저속(1단)으로 2분 정도 섞는다.

02 실온에 30분 정도 휴지시킨다.

03 이스트, 종 반죽을 넣고 저속(1단)으로 2분 정도 섞은 다음 소금을 넣고 저속(1단)에서 2분 정도 더 섞는다.

▶ 완성된 반죽 온도는 24℃ 정도예요.

04 반죽을 꺼내 볼에 담고 바질 잎을 넣어 손으로 섞는다.

05 반죽을 매끄럽게 둥글린다.

06 볼에 반죽을 담고 랩을 씌워 따뜻한 곳(30℃ 정도)에서 40분 정도 1차 발효시킨다.

07 반죽을 손으로 가볍게 누르고 한 번 접어 가스빼기 한다.

08 볼에 반죽을 담고 랩을 씌워 40분 정도 추가 발효시킨다.

09 손으로 가볍게 눌러 가스를 뺀다.

10 반죽을 스크레이퍼로 300g씩 2개로 분할한다.

11 오븐팬에 반죽을 올린 후 랩을 씌워 30분 정도 중간 발효시킨다.

12 반죽을 손끝으로 아래에서 위로 살짝 접듯이 말아준다.

13 반죽의 이음새를 손끝으로 집으면서 손바닥 아 랫부분으로 눌러 붙인다.

14 밀가루를 뿌린 광목천에 반죽이 서로 붙지 않도 록 주름을 잡은 다음 반죽을 올리고 천으로 덮 어 40분 정도 2차 발효시킨다.

▶ 예열 발효가 끝날 즈음 오븐을 220℃로 예열하고, 스팀 효과를 위해 작은 돌이 든 틀을 오븐 안에 넣으세요.

15 테프론 시트를 깐 오븐팬에 반죽을 올린다.

16 예열한 오븐에 반죽을 넣고 20분 정도 굽는다.

▶ 반죽을 오븐에 넣기 전 함께 예열한 돌에 물을 부어 스팀 을 내세요.

MAPLE ROLL

메이플 롤

분량 120g×8개 **총 시간** 4시간 **온도** 180℃ **굽기** 16분 **난이도** ●●○

달콤한 메이플 시럽이 들어가 은은한 단맛을 내는 메이플 롤. 처음 베어 물면 시럽의 달콤함이 먼저 느껴지지만 입 안에 머금고 있을수록 스모키한 향기와 함께 고소함이 감도는 매력적인 롤빵이에요.

Ingredients

☐ 강력분 260g
☐ 설탕 26g
☐ 소금 5g
☐ 분유 12g
☐ 종 반죽 25g
☐ 물 90g

☐ 이스트 10g
☐ 달걀(전란) 80g
☐ 버터 55g

[메이플 크림]

☐ 버터 90g
☐ 메이플시럽 90g
☐ 소금 2g
☐ 아몬드파우더 90g
☐ 아몬드 130g

Ready

1. 버터는 실온에 30분 이상 꺼내둔다.
2. 메이플 크림은 버터가 실온에서 말랑해지면 모든 재료를 넣고 섞어 만든다.
3. 물에 이스트를 넣고 충분히 푼다.

메이플 크림 만들기

01 믹서에 강력분, 설탕, 소금, 분유, 종 반죽, 물에 푼 이스트, 달걀을 넣는다.

02 저속(1단)에서 2분 정도 섞는다. 재료가 전체적으로 섞이면 중속(2단)으로 올리고 4분 정도 더 섞는다.

▶ 이때 반죽은 손에 묻어나지 않지만 아주 매끈한 상태는 아니에요.

03 실온의 버터를 넣고 2분 정도 더 섞어 반죽을 완성한다.
▶ 반죽을 손으로 늘여 보았을 때 지문이 비칠 정도까지 충분히 섞으세요. 완성된 반죽 온도는 27~28℃예요.

04 반죽을 매끄럽게 둥글린다.

05 볼에 반죽을 담고 랩을 씌워 따뜻한 곳(30℃ 정도)에서 1시간 정도 1차 발효시킨다.

06 반죽을 밀대로 밀어 40㎝(가)×25㎝(세) 크기로 편다.

07 준비한 메이플 크림을 스패튤러를 이용해 반죽 위에 고르게 바른다.

08 메이플 크림을 바른 반죽을 안쪽으로 돌돌 만다.

09 롤 모양으로 말린 반죽을 120g씩 8개로 분할한다.

10 원형 팬(지름 16cm)에 반죽을 2개씩 넣는다.

11 오븐팬에 반죽을 올린 후 랩을 씌워 50분 정도 2차 발효시킨다.

▶ 예열 발효가 끝날 즈음 오븐을 180℃로 예열하세요.

12 예열한 오븐에 반죽을 넣고 16분 정도 굽는다.

CINNAMON ROLL

시나몬 롤

분량 120g×8개   **총 시간** 4시간   **온도** 180℃   **굽기** 16분   **난이도** ● ● ○

특유의 청량감과 달콤함으로 많은 사람들에게 사랑받는 재료인 시나몬. 3대 향신료에 속할 정도로 대중적인 재료인 만큼 다양한 곳에서 감초 역할을 톡톡히 하지요. 여기서 소개하는 시나몬 롤은 크림치즈와 버터의 고소함을 더해 더욱 매력적으로 완성했습니다. 시나몬을 좋아하는 분이라면 꼭 한 번 만들어보시기 바랍니다.

Ingredients

□ 강력분 300g
□ 흑설탕 30g
□ 소금 6g
□ 분유 12g
□ 종 반죽 30g
□ 물 105g
□ 이스트 12g
□ 달걀(전란) 90g
□ 버터 60g

[시나몬 크림]
□ 버터 120g
□ 흑설탕 120g
□ 계핏가루 15g
□ 달걀(전란) 70g

[토핑 크림]
□ 크림치즈 100g
□ 설탕 100g
□ 버터 100g

Ready

1. 시나몬 크림은 버터가 실온에서 말랑해지면 모든 재료를 넣고 섞어 만든다.
2. 토핑 크림은 모든 재료를 섞어 만든다.
3. 물에 이스트를 넣고 충분히 푼다.

시나몬 크림 만들기

01 믹서에 강력분, 흑설탕, 소금, 분유, 종 반죽, 물에 푼 이스트, 달걀을 넣는다.

02 저속(1단)에서 2분 정도 섞는다. 재료가 전체적으로 섞이면 중속(2단)으로 올리고 4분 정도 더 섞는다.
 이때 반죽은 손에 묻어나지 않지만 아주 매끈한 상태는 아니에요.

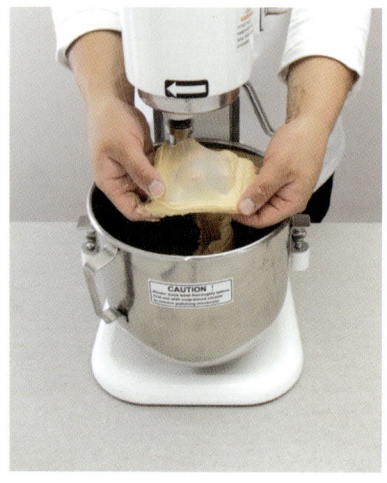

03 실온의 버터를 넣고 2분 정도 더 섞어 반죽을 완성한다.
▶ 반죽을 손으로 늘여 보았을 때 지문이 비칠 정도까지 충분히 섞으세요. 완성된 반죽 온도는 27~28℃예요.

04 반죽을 매끄럽게 둥글린다.

05 볼에 반죽을 담고 랩을 씌워 따뜻한 곳(30℃ 정도)에서 1시간 정도 1차 발효시킨다.

06 반죽을 밀대로 밀어 40㎝(가)×25㎝(세) 크기로 편다.

07 준비한 시나몬 크림을 스패튤러를 이용해 반죽 위에 고르게 바르고 안쪽으로 돌돌 만다.

08 롤 모양으로 말린 반죽을 120g씩 8개로 분할한다.

09 원형 팬(지름 16㎝)에 반죽을 2개씩 넣는다.

10 오븐팬에 테프론 시트를 깔고 반죽을 올린 후 랩을 씌워 50분 정도 2차 발효시킨다.
▶ 예열 발효가 끝날 즈음 오븐을 180℃로 예열하세요.

11 예열한 오븐에 반죽을 넣고 16분 정도 굽는다.

12 오븐에서 꺼내 충분히 식힌 다음 붓으로 토핑 크림을 바른다.

CHOCOLATE BRIOCHE

초코 브리오슈

분량 100g×9개   **총 시간** 4시간   **온도** 180℃   **굽기** 12분   **난이도** ● ● ○

보통의 브리오슈는 속살이 황금빛이고 단맛을 가진 것이 일반적이지만, 여기에서는 반죽에 코코아파우더와 호두를 넣고 구운 후 녹인 초콜릿을 발라 완성했습니다. 초콜릿의 달콤하면서도 쌉싸래한 맛과 호두의 바삭한 식감이 잘 어우러진 브리오슈예요. 프랑스에서는 주로 티타임에 즐기는 빵으로 가벼운 홍차나 커피와 함께 즐기면 더욱 좋습니다.

Ingredients

☐ 강력분 300g	☐ 이스트 12g	☐ 달걀물 적당량
☐ 코코아파우더 30g	☐ 노른자 90g	☐ 호두 분태
☐ 설탕 24g	☐ 우유 140g	☐ 코팅용 초콜릿
☐ 소금 6g	☐ 버터 120g	☐ 코코아파우더
☐ 분유 9g	☐ 초코칩 90g	
☐ 종 반죽 60g	☐ 호두 60g	

Ready

1. 버터는 실온에 30분 이상 꺼내둔다.
2. 반죽 안에 들어가는 호두는 150℃ 오븐에서 20분 정도 굽는다.
3. 달걀물은 달걀을 잘 풀어 체로 한 번 걸러낸다.

Tip

구운 빵을 완전히 식혀 냉장고에 넣고 살짝 차갑게 한 다음, 초콜릿을 코팅하면 초콜릿이 빠르게 굳어 깔끔하게 작업할 수 있어요. 또한 호두의 고소한 맛을 더욱 살리고 싶다면 호두를 끓는 물에 삶아 찬물로 헹구어냅니다. 쓴맛은 없어지고 고소한 맛과 부드러운 식감을 낼 수 있어요.

01 믹서에 강력분, 코코아파우더, 설탕, 소금, 분유, 종 반죽, 이스트, 노른자, 우유를 넣는다.

02 저속(1단)에서 2분 정도 섞는다. 재료가 전체적으로 섞이면 중속(2단)으로 올리고 4분 정도 더 섞는다.
　▶ 이때 반죽은 손에 묻어나지 않지만 아주 매끈한 상태는 아니에요.

03 실온의 버터를 넣고 2분 정도 더 섞어 반죽을 완성한다.
　▶ 반죽을 손으로 늘여 보았을 때 지문이 비칠 정도까지 충분히 섞으세요. 완성된 반죽 온도는 27~28℃예요.

04 반죽을 볼에 담고 초코칩과 구운 호두를 넣어 손으로 섞는다.

05 반죽을 매끄럽게 둥글린다.

06 볼에 반죽을 담고 랩을 씌워 따듯한 곳(30℃ 정도)에서 1시간 정도 1차 발효시킨다.

07 발효가 끝난 반죽을 스크레이퍼로 100g씩 9개로 분할한다.

08 분할한 반죽을 둥글리기 하여 바닥 부분을 매끄럽게 정리한다.

09 오븐팬에 반죽을 올린 후 랩을 씌워 20분 정도 중간 발효시킨다.

10 발효가 끝난 반죽을 다시 한 번 둥글리기 한다.

11 둥글리기 한 반죽에 달걀물을 바른다.

12 달걀물을 바른 반죽에 호두 분태를 찍어 바른다.

13 오븐팬에 테프론 시트를 깔고 반죽을 올린 후 랩을 씌워 50분 정도 2차 발효시킨다.

▶ 예열 발효가 끝날 즈음 오븐을 180℃로 예열하세요.

14 예열한 오븐에 넣고 12분 정도 굽는다.

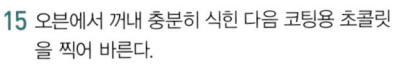

15 오븐에서 꺼내 충분히 식힌 다음 코팅용 초콜릿 을 찍어 바른다.

▶ 코팅용 초콜릿은 오븐에서 빵을 꺼낸 뒤 전자레인지에 녹 여 준비해주세요.

16 초콜릿이 코팅된 면에 코코아파우더를 뿌린다.

VEGETABLE BREAD
야채빵

분량 50g×13개 **총 시간** 4시간 **온도** 180℃ **굽기** 10분 **난이도** ●●○

옥수수와 양파, 당근 등을 넣은 야채빵. 어렸을 적 동네 빵집에서 먹었던 추억의 맛을 느낄 수 있을 거예요. 부드러운 빵 안에 야채를 채워 야채를 싫어하는 아이들이 먹기에도 좋습니다. 제시된 레시피 재료뿐만 아니라 가정에서 요리를 한 후 남은 다양한 야채들을 활용해보세요.

Ingredients

□ 강력분 300g	[필링]	[토핑 크림]
□ 설탕 60g	□ 양파 300g	□ 버터 250g
□ 소금 5g	□ 당근 50g	□ 설탕 100g
□ 종 반죽 45g	□ 스위트콘 100g	□ 물엿 30g
□ 물 150g	□ 옥수수가루 50g	□ 옥수수가루 100g
□ 이스트 12g	□ 크림치즈 150g	□ 달걀(전란) 150g
□ 달걀(전란) 60g	□ 설탕 30g	
□ 버터 45g		

Ready

1. 필링은 양파, 당근을 채 썰어 모든 재료와 함께 섞어 만든다.
2. 토핑 크림은 버터와 설탕, 물엿을 섞고 달걀을 세 번에 나누어 넣으며 크림화한 다음 옥수수가루를 넣고 섞어 만든다.
3. 물에 이스트를 넣고 충분히 푼다.

필링 만들기

01 믹서에 강력분, 설탕, 소금, 종 반죽, 물에 푼 이스트, 달걀을 넣는다.

02 저속(1단)에서 2분 정도 섞는다. 재료가 전체적으로 섞이면 중속(2단)으로 올리고 4분 정도 더 섞는다.

▶ 이때 반죽은 손에 묻어나지 않지만 아주 매끈한 상태는 아니에요.

03 실온의 버터를 넣고 2분 정도 더 섞어 반죽을 완성한다.

▶ 반죽을 손으로 늘여 보았을 때 지문이 비칠 정도까지 충분히 섞으세요. 완성된 반죽 온도는 27~28℃예요.

04 반죽을 매끄럽게 둥글린다.

05 볼에 반죽을 담고 랩을 씌워 따뜻한 곳(30℃ 정도)에서 1시간 정도 1차 발효시킨다.

06 발효가 끝난 반죽을 스크레이퍼로 50g씩 13개로 분할한 후 둥글리기 한다.

07 오븐팬에 반죽을 올린 후 랩을 씌워 20분 정도 중간 발효시킨다.

08 발효시킨 반죽을 손으로 가볍게 눌러 가스를 뺀다.

09 준비한 필링(50g)을 만두 속 채우는 것처럼 넣고 이음새를 손끝으로 잘 집는다.

10 오븐팬에 테프론 시트를 깔고 반죽을 올린 후 랩을 씌워 50분 정도 2차 발효시킨다.

▶ 예열 발효가 끝날 즈음 오븐을 180℃로 예열하세요.

11 깍지 틀(0.5㎝) 끼운 짤주머니에 토핑 크림을 채우고 반죽 위에 나선형으로 짠다.

12 예열한 오븐에서 10분 정도 굽는다.

CHEESE SAUSAGE BREAD
치즈 소시지빵

분량 40g×16개   **총 시간** 3시간 30분   **온도** 180℃   **굽기** 8분   **난이도** ●○○

가늘게 늘인 반죽을 소시지에 돌돌 만 후 몬테러리잭치즈를 올려 완성한 빵입니다. 몬테러리잭(혹은 몬테리잭)치즈는 부드러우면서도 약간 신맛이 나서 샌드위치나 샐러드, 피자 등의 토핑에도 많이 쓰입니다. 포만감을 느낄 수 있는 소시지와 치즈를 함께 먹을 수 있어 가벼운 한 끼 식사로도 충분해요.

Ingredients

- ☐ 강력분 300g
- ☐ 설탕 15g
- ☐ 소금 6g
- ☐ 분유 9g
- ☐ 종 반죽 60g

- ☐ 물 220g
- ☐ 이스트 9g
- ☐ 버터 20g
- ☐ 소시지(시판용) 15개
- ☐ 몬테러리잭치즈 적당량

- ☐ 생 파슬리(냉장 시판용) 적당량

Ready

1. 버터는 실온에 꺼내 30분 이상 꺼내둔다.
2. 몬테러리잭치즈는 얇게 슬라이스한다.
3. 물에 이스트를 넣고 충분히 푼다.

Tip

반죽을 소시지에 4~5줄 정도 감을 수 있도록 가늘게 미세요. 손으로 반죽을 늘이면 다시 원래 크기로 수축되므로 한 번에 늘이려고 하지 말고 수축될 때는 잠시 멈추고 여러 번에 나눠 미세요.

01 믹서에 강력분, 설탕, 소금, 분유, 종 반죽, 물에 푼
이스트를 넣는다.

02 저속(1단)에서 2분 정도 섞는다. 재료가 전체적
으로 섞이면 중속(2단)으로 올리고 4분 정도 더
섞는다.
▶ 이때 반죽은 손에 묻어나지 않지만 아주 매끄한 상태는
아니에요.

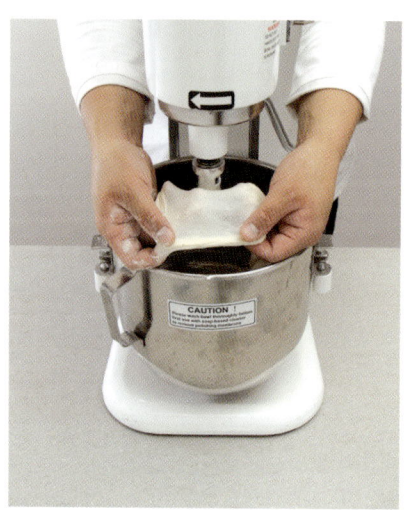

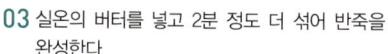

03 실온의 버터를 넣고 2분 정도 더 섞어 반죽을
완성한다.
▶ 반죽을 손으로 늘여 보았을 때 지문이 비칠 정도까지 충
분히 섞으세요. 완성된 반죽 온도는 27~28℃예요.

04 반죽을 매끄럽게 둥글린다.

05 볼에 반죽을 담고 랩을 씌워 따뜻한 곳(30℃ 정
도)에서 1시간 정도 1차 발효시킨다.

06 발효가 끝난 반죽을 스크레이퍼로 40g씩 16개
로 분할한다.

07 반죽을 막대 모양으로 둥글린다.

08 오븐팬에 반죽을 올린 후 랩을 씌워 20분 정도
중간 발효시킨다.

09 발효시킨 반죽을 손으로 밀어 약 45㎝ 정도의 길이로 가늘게 늘인다.

10 소시지에 가늘게 늘인 반죽을 돌돌 만다.

11 테프론 시트를 깐 오븐팬에 소시지 반죽을 올린다.

12 오븐팬에 랩을 씌워 50분 정도 2차 발효시킨다.
▶ 예열 발효가 끝날 즈음 오븐을 180℃로 예열하세요.

13 발효가 끝난 반죽에 슬라이스한 몬테러리잭치
즈를 올린다.

14 예열한 오븐에 반죽을 넣고 8분 정도 굽는다.

15 오븐에서 꺼내 충분히 식힌 다음 파슬리를 올
린다.

PIZZA BREAD
피자빵

분량 120g×5개　　**총 시간** 3시간　　**온도** 200℃　　**굽기** 7분　　**난이도** ●○○

피자 도 위에 진한 토마토소스와 모차렐라치즈, 페퍼로니햄을 올리고 바짝 구워낸 후
바질로 장식하여 마무리한 빵입니다. 그 위에 엑스트라 버진 올리브오일을 살짝 뿌리
면 간단하지만 완성도 높은 피자의 맛을 느낄 수 있습니다.

Ingredients

□ 강력분 300g　　　　　　　[시판용]
□ 설탕 10g　　　　　　　　□ 토마토 페이스트 15g
□ 소금 6g　　　　　　　　 □ 페파로니햄 5조각
□ 종 반죽 60g　　　　　　 □ 모차렐라치즈 8조각
□ 물 200g　　　　　　　　□ 생 바질 적당량
□ 이스트 6g　　　　　　　□ 올리브오일 적당량
□ 올리브오일 45g

Ready

1. 바질은 깨끗이 씻어 잎을 손질한다.
2. 올리브오일은 잘 밀폐하여 실온에 보관한다.
3. 물에 이스트를 넣고 충분히 푼다.

Tip

토마토 페이스트를 바를 때는 일정한 두께로 고르게 바르는 것이 좋아요. 페이스트가 얇게 발린 부분
은 반죽이 타게 될 수도 있으니 주의하세요.

01 믹서에 강력분, 설탕, 소금, 종 반죽, 물에 푼 이
스트를 넣는다.

02 저속(1단)에서 2분 정도 섞는다. 재료가 전체적
으로 섞이면 중속(2단)으로 올리고 4분 정도 더
섞는다.
▶ 이때 반죽은 손에 묻어나지 않지만 아주 매끈한 상태는
아니에요.

03 실온의 올리브오일을 넣고 2분 정도 더 섞어 반
죽을 완성한다.
▶ 반죽을 손으로 늘여 보았을 때 지문이 비칠 정도까지 충
분히 섞으세요. 완성된 반죽 온도는 27~28℃예요.

04 반죽을 매끄럽게 둥글린다.

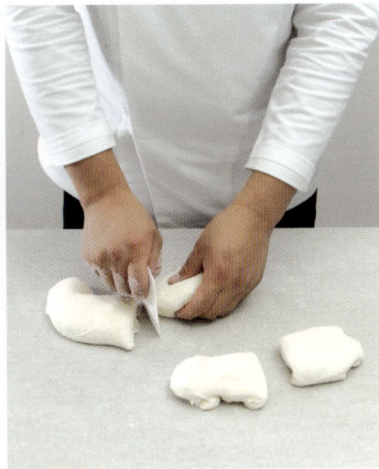

05 볼에 반죽을 담고 랩을 씌워 따뜻한 곳(30℃ 정도)에서 1시간 정도 1차 발효시킨다.

06 발효가 끝난 반죽을 스크레이퍼로 120g씩 5개로 분할한다.

07 분할한 반죽을 둥글리기 하여 바닥을 매끄럽게 정리한다.

08 오븐팬에 반죽을 올린 후 랩을 씌워 20분 정도 중간 발효시킨다.
▶ 예열 발효가 끝날 즈음 오븐을 200℃로 예열하세요.

09 발효시킨 반죽을 손으로 가볍게 눌러 가스를 뺀다.

10 반죽을 밀대로 밀어 원형(약 18㎝)으로 편다.

11 준비한 토마토 페이스트(40g)를 스패튤러를 이 용해 반죽 위에 고르게 펴 바른다.

12 반죽 위에 페퍼로니햄과 모차렐라치즈를 올린다.

13 예열한 오븐에서 7분 정도 구운 다음 충분히 식 으면 바질 잎을 올린다.

14 올리브오일을 살짝 뿌린다.

121

ROAST CURRY BREAD
구운 카레빵

분량 50g×13개　　**총 시간** 3시간 30분　　**온도** 180℃　　**굽기** 8분　　**난이도** ● ● ○

반죽 속에 카레를 넣고 튀기는 일반적인 방법 대신 오븐으로 구워 더욱 담백하게 즐길 수 있는 빵입니다. 카레 필링을 만들 때 밀가루와 전분을 섞었기 때문에 주르륵 흐르지 않고 단단하게 뭉칠 수 있어 보다 쉽게 카레빵을 만들 수 있을 거예요.

Ingredients

□ 강력분 300g	**[카레 필링]**	□ 물 300g
□ 설탕 40g	□ 돼지고기 200g	□ 후추 1g
□ 소금 6g	□ 소고기 200g	□ 전분 10g
□ 종 반죽 60g	□ 양파 200g	□ 밀가루 30g
□ 물 190g	□ 당근 150g	□ 빵가루 적당량
□ 이스트 12g	□ 사워크림 100g	**[전분물]**
□ 달걀(전란) 30g	□ 고형카레 100g	□ 전분 10g
□ 버터30g	□ 레드와인 100g	□ 물 100g

Ready

1. 버터는 실온에 30분 이상 꺼내둔다.
2. 전분물은 전분과 물을 잘 섞어 만든다.
3. 물에 이스트를 넣고 충분히 푼다.
4. 카레 필링 만들기

　a. 돼지고기와 소고기는 사방 1㎝ 정도의 크기로 자른다.

　b. 양파와 당근은 사방 0.5㎝ 정도의 크기로 자른다.

　c. 올리브오일을 두른 팬에 돼지고기와 소고기를 넣고 볶은 다음 따로 담는다.

　d. 올리브오일을 두른 팬에 양파와 당근을 볶는다.

　e. d에 c를 넣고 볶는다.

　f. 사워크림, 고형카레, 레드와인, 물, 후추를 넣고 졸인다.

　g. 수분이 절반 정도 날아가면 전분, 밀가루를 넣고 끓인다.

01 믹서에 강력분, 설탕, 소금, 종 반죽, 물에 푼 이스트, 달걀을 넣는다.

02 저속(1단)에서 2분 정도 섞는다. 재료가 전체적으로 섞이면 중속(2단)으로 올리고 4분 정도 더 섞는다.
▶ 이때 반죽은 손에 묻어나지 않지만 아주 매끈한 상태는 아니에요.

03 실온의 버터를 넣고 2분 정도 더 섞어 반죽을 완성한다.
▶ 반죽을 손으로 늘여 보았을 때 지문이 비칠 정도까지 충분히 섞으세요. 완성된 반죽 온도는 27~28℃예요.

04 반죽을 매끄럽게 둥글린다.

05 볼에 반죽을 담고 랩을 씌워 따듯한 곳(30℃ 정도)에서 1시간 정도 1차 발효시킨다.

06 반죽을 스크레이퍼로 50g씩 13개로 분할한다.

07 분할한 반죽을 둥글리기 하여 바닥을 매끄럽게 정리한다.

08 오븐팬에 반죽을 올린 후 랩을 씌워 20분 정도 중간 발효시킨다.

09 발효시킨 반죽을 손으로 가볍게 눌러 가스를 뺀다.

10 준비한 카레 필링(50g)을 만두 속 채우는 것처럼 넣고 이음새를 손끝으로 잘 집는다.

11 반죽에 전분물을 묻힌다.

12 반죽에 빵가루를 묻힌다.

13 테프론 시트를 깐 오븐팬에 반죽을 올린다.

14 오븐팬에 랩을 씌워 50분 정도 2차 발효시킨다.
▶ 예열 발효가 끝날 즈음 오븐을 180℃로 예열하세요.

15 예열한 오븐에 반죽을 넣고 8분 정도 굽는다.

REAL PATATO

리얼 포테이토

분량 70g×8개 　**총 시간** 3시간 30분 　**온도** 180℃ 　**굽기** 10분 　**난이도** ● ○ ○

감자를 삶지 않고 구워내 바삭한 과자를 먹는 듯한 식감을 살린 빵입니다. 감자와 찰 떡궁합인 크림치즈를 잘게 썰어 넣어 고소함까지 느낄 수 있습니다. 취향에 따라 바질 이나 파슬리를 올리는 것도 좋아요.

Ingredients

☐ 강력분 300g
☐ 설탕 9g
☐ 소금 6g
☐ 종 반죽 45g
☐ 물 190g
☐ 이스트 9g
☐ 버터 18g

[구운 감자]
☐ 감자 2개
☐ 소금 소량
☐ 후추 소량

☐ 크림치즈 200g
☐ 올리브오일 적당량

Ready

1. 버터는 미리 실온에 꺼내 보관한다.
2. 크림치즈는 사방 1㎝ 정도의 크기로 자른다.
3. 물에 이스트를 넣고 충분히 푼다.
4. 구운 감자 만들기
　　a. 오븐을 180℃로 예열한다.
　　b. 감자를 깨끗이 씻어 껍질을 벗긴다.
　　c. 감자를 사방 1㎝ 정도의 크기로 잘라 소금, 후추로 간을 한다.
　　d. 예열한 오븐에 20분 정도 익힌다.

01 믹서에 강력분, 설탕, 소금, 종 반죽, 물에 푼 이스
트를 넣는다.

02 저속(1단)에서 2분 정도 섞는다. 재료가 전체적
으로 섞이면 중속(2단)으로 올리고 4분 정도 더
섞는다.
▶ 이때 반죽은 손에 묻어나지 않지만 아주 매끈한 상태는
아니에요.

03 실온의 버터를 넣고 2분 정도 더 섞어 반죽을 완
성한다.
▶ 반죽을 손으로 늘려 보았을 때 지문이 비칠 정도까지 충
분히 섞으세요. 완성된 반죽 온도는 27~28℃예요.

04 반죽을 매끄럽게 둥글린다.

05 볼에 반죽을 담고 랩을 씌워 따듯한 곳(30℃ 정도)에서 1시간 정도 1차 발효시킨다.

06 반죽을 스크레이퍼로 70g씩 8개로 분할한다.

07 분할한 반죽을 둥글리기 하여 바닥 부분을 매끄럽게 정리한다.

08 오븐팬에 반죽을 올린 후 랩을 씌워 20분 정도 중간 발효시킨다.

09 발효시킨 반죽을 손으로 가볍게 눌러 가스를 뺀다.

10 반죽을 밀대로 둥글게 밀어 편다.

11 테프론 시트를 깐 오븐팬에 원형 틀(10.5㎝)을 올린 다음 틀에 반죽을 넣는다.

12 오븐팬에 랩을 씌워 50분 정도 2차 발효시킨다.
▶ 예열 발효가 끝날 즈음 오븐을 180℃로 예열하세요.

13 발효가 끝난 반죽에 붓으로 올리브오일을 바른다.

14 손가락으로 반죽을 눌러 구운 감자와 크림치즈 넣을 공간을 만든다.

15 구운 감자와 크림치즈를 빈 공간에 넣는다.

16 예열한 오븐에 반죽을 넣고 10분 정도 굽는다.

저녁 식탁

SEIGLE

세글

분량 880g×2개　**총 시간** 4시간 30분　**온도** 200℃　**굽기** 30분　**난이도** ●●○

'호밀'이라는 뜻의 세글은 호밀 향을 내기 위해 하루 전날 미리 전반죽을 만들어 놓으면 쉽게 만들 수 있어요. 프랑스 빵을 집에서 만드는 게 어렵게 느껴질 수 있지만, 밥을 짓는 일처럼 빵도 그렇게 접근해보세요. 매번 훌륭한 밥을 만들 수 없는 것처럼 빵도 마찬가지입니다. 실패해도 계속 도전하다 보면 근사한 호밀빵을 만들 수 있을 거예요.

Ingredients

☐ 강력분 250g

☐ 쌀가루 100g

☐ 소금 15g

☐ 종 반죽 200g

☐ 물 200g

[호밀 전반죽]

☐ 물 500g

☐ 이스트 1g

☐ 호밀가루 500g

☐ 호밀가루 적당량

Ready

1. 호밀 전반죽 만들기(하루 전날)

　a. 물에 이스트를 넣고 잘 푼다.

　b. 호밀을 넣고 섞는다.

　c. 실온(18℃)에서 12시간 발효시킨다.

Tip

여기서는 호밀의 풍미를 위해 시중에 파는 호밀가루 중 입자가 거친 것을 사용했어요. 호밀가루를 미리 섞어두면 호밀 특유의 구수한 향을 풍부하게 끌어낼 수 있어요. 다만 너무 오랜 시간 방치하면 산미가 강해질 수 있으니 시간을 잘 지키며 발효시켜야 합니다.

호밀 전반죽

01 믹서에 강력분, 쌀가루, 소금, 종 반죽, 호밀 전 반죽, 물을 넣는다.

02 저속(1단)에서 2분 정도 섞는다. 재료가 전체적으로 섞이면 중속(2단)으로 올리고 2분 정도 더 섞는다.
▶ 호밀 반죽은 치대기보다 재료를 잘 섞는다는 느낌으로 완성하세요. 완성된 반죽 온도는 24℃ 정도예요.

03 반죽을 가볍게 볼에 담고 랩을 씌워 따뜻한 곳 (30℃ 정도)에서 50분 정도 1차 발효시킨다.
▶ 글루텐이 거의 만들어지지 않는 호밀 반죽은 표면이 매끄럽지 않아 둥글리기 할 필요가 없어요.

04 발효가 끝난 반죽을 스크레이퍼로 880g씩 2개로 분할한다.

05 발효통에 호밀가루를 뿌린다.

06 분할한 반죽을 안쪽으로 모으듯 쥐면서 둥글게 만든다.

07 발효통에 반죽의 이음새가 바닥을 향하도록 뒤집어 넣는다.
▶ 반죽이 매우 질기 때문에 반죽을 만지자 마자 빠르게 성형하여 틀에 넣으세요.

08 발효통에 광목천을 씌우고 50분 정도 2차 발효시킨다.
▶ 예열 발효가 끝날 즈음 오븐을 200℃로 예열하고, 스팀 효과를 위해 작은 돌이 든 틀을 오븐 안에 넣으세요.

09 테프론 시트를 깐 오븐팬에 발효시킨 반죽을 뒤집어 올린다.

10 예열한 오븐에 반죽을 넣고 30분 정도 굽는다.
▶ 반죽을 오븐에 넣기 전 함께 예열한 돌에 물을 부어 스팀을 내세요.

SEVEN GRAIN BREAD

7가지 잡곡빵

분량 140g×6개 **총 시간** 4시간 **온도** 210℃ **굽기** 20분 **난이도** ● ● ○

7가지 잡곡이 들어가 더욱 건강한 잡곡빵. 보통 통밀과 호밀가루가 들어간 빵은 입자가 굵어 거친 느낌을 주지만, 미리 재료를 불려두면 기존의 잡곡빵보다 더욱 부드럽고 가볍게 즐길 수 있을 거예요.

Ingredients

□ 강력분 150g
□ 전립분 90g
□ 호밀 60g
□ 소금 6g
□ 종 반죽 60g
□ 물 135g
□ 이스트 6g
□ 꿀 24g
□ 다크몰트 6g
□ 버터 24g

[멀티그레인 전처리]
□ 멀티그레인 90g
□ 검은깨 15g
□ 물 210g

□ 오트밀 적당량

Ready

1. 멀티그레인 전처리는 하루 전날 멀티그레인, 검은깨, 물을 섞어둔다.
2. 버터는 실온에 30분 이상 꺼내둔다.
3. 물에 이스트를 넣고 충분히 푼다.

Tip

잡곡빵은 반죽을 만들 때 질기 때문에 반죽의 글루텐을 확인하기 까다롭습니다. 다른 빵들처럼 손으로 늘여 지문이 비치는 정도로 글루텐이 형성되지 않아요. 버터를 넣고 최종 반죽한 상태의 사진을 참조하세요.

01 믹서에 강력분, 전립분, 호밀, 소금, 종 반죽, 물
　 에 푼 이스트, 꿀, 다크몰트, 전처리 한 멀티그
　 레인을 넣는다.

02 저속(1단)에서 2분 정도 섞는다. 재료가 전체적
　 으로 섞이면 중속(2단)으로 올리고 2분 정도 더
　 섞는다.

03 실온의 버터를 넣고 2분 정도 더 섞어 반죽을
　 완성한다.

　 ▶ 반죽은 글루텐이 형성되어 있지만 약간 끈적한 상태의
　 반죽이에요. 완성된 반죽 온도는 24℃ 정도예요.

04 반죽을 가볍게 볼에 담아 랩을 씌워 따뜻한 곳
　 (30℃ 정도)에서 1시간 정도 1차 발효시킨다.

05 발효가 끝난 반죽을 140g씩 6개로 분할한다.
▶ 호밀 반죽은 질기 때문에 덧가루를 충분히 뿌리세요.

06 분할한 반죽을 매끄럽게 둥글리기 한다.

07 오븐팬에 반죽을 올려 랩을 씌운 다음 20분 정도 중간 발효시킨다.

08 발효시킨 반죽을 손으로 가볍게 눌러 기포를 뺀다.

09 반죽을 바깥쪽에서 안쪽으로 향하도록 손끝으
   로 말아서 럭비공 모양으로 만든다. 이음새는
   손끝으로 집는다.

10 반죽 표면에 붓으로 물을 살짝 바른다.
   ▶ 분무기로 물을 뿌려도 좋아요.

11 물을 뿌린 반죽 윗면에만 오트밀을 묻힌다.

12 광목천에 밀가루를 뿌리고 반죽이 서로 붙지 않
   도록 주름을 접은 다음 반죽을 올린다.

13 반죽을 광목천으로 덮고 30분 정도 2차 발효
시킨다.
▶ 예열 발효가 끝날 즈음 오븐을 210℃로 예열하고, 스팀
효과를 위해 작은 돌이 든 틀을 오븐 안에 넣으세요.

14 테프론 시트를 깐 오븐팬 위에 반죽을 올려 송곳
으로 8번 정도 구멍을 낸다.

15 예열한 오븐에 반죽을 넣고 20분 정도 굽는다.
▶ 반죽을 오븐에 넣기 전 함께 예열한 돌에 물을 부어 스
팀을 내세요.

BAGUETTE

바게트

분량 100g×6개   **총 시간** 4시간   **온도** 230℃   **굽기** 18분   **난이도** ● ● ●

반죽을 냉장 발효(12~24시간)시켜 저온숙성한 바게트입니다. 저온에서 장시간 숙성시키는 이 발효 과정은 정성을 들인 만큼 좋은 풍미를 내지요. 어려운 바게트 만들기를 저온 숙성을 통해 집에서도 쉽게 만들 수 있도록 변형시켰으니 꼭 시도해보시기 바랍니다.

Ingredients
- ☐ 강력분 360g
- ☐ 소금 5g
- ☐ 물 240g
- ☐ 이스트 1g

Ready
1. 냉장고의 온도를 5℃로 맞춘다.
   냉장고 온도 조절이 어렵다면 냉장고의 온도 편차가 적은 가운데에 반죽을 놓으면 됩니다.
2. 물에 이스트를 넣고 충분히 푼다.

Tip
바게트는 일정한 간격과 일정한 깊이로 칼집을 넣는 것이 중요해요. 칼집을 넣는 베이킹 도구도 있지만, 얇은 면도칼을 사용해도 터짐이 좋은 빵을 얻을 수 있습니다.

01 믹서에 강력분, 소금, 물에 푼 이스트를 넣는다.

02 저속(1단)에서 2분 정도 섞는다. 재료가 전체적
으로 섞이면 중속(2단)으로 올리고 4분 정도 더
섞는다.
▶ 반죽이 매끈해지는 단계까지 섞으세요. 반죽 온도는
23~24℃ 정도예요.

03 반죽을 매끄럽게 둥글린다.

04 볼에 반죽을 담고 랩을 씌워 따뜻한 곳(30℃ 정
도)에서 60분 정도 1차 발효시킨다.

05 발효시킨 반죽을 손으로 가볍게 누르면서 한 번 접어 1차로 가스를 뺀다.

06 볼에 반죽을 넣고 60분간 중간 발효시킨다.

07 중간 발효시킨 반죽을 손으로 가볍게 누르면서 한 번 접어 2차로 가스를 뺀다.

08 볼에 반죽을 담고 냉장고에서 10～18시간 정도 냉장 발효시킨다.
▶ 냉장고 온도는 5℃로 유지하세요.

09 냉장 발효시킨 반죽을 100g씩 6개로 분할한다.

10 분할한 반죽을 가볍게 말아 놓는다.

11 반죽 온도가 16~17℃가 될 때까지 기다린다.

12 반죽을 손끝으로 위에서 아래로 살짝 접듯이 말아준다.

13 이음새를 손끝으로 집으면서 손바닥 아랫부분으로 눌러 붙인다.

14 밀가루를 뿌린 광목천에 반죽이 서로 붙지 않도록 주름을 잡은 다음 반죽을 올리고 천으로 덮어 30분 정도 실온 발효시킨다.

▶ 예열 발효가 끝날 즈음 오븐을 230℃로 예열하고, 스팀 효과를 위해 작은 돌이 든 틀을 오븐 안에 넣으세요.

15 테프론 시트를 깐 오븐팬에 반죽을 올린 후 쿠프나이프를 이용해 사선으로 길고 얇게 칼집을 넣는다.

▶ 칼집을 넣을 때는 칼날을 기울여서 손목에 힘을 빼고 한 번에 빠르게 그으세요.

16 예열한 오븐에 반죽을 넣고 18분 정도 굽는다.

▶ 반죽을 오븐에 넣기 전 함께 예열한 돌에 물을 부어 스팀을 내세요.

OLIVE FOUGASSE

올리브 푸가스

분량 360g×2개　**총 시간** 4시간 30분　**온도** 200℃　**굽기** 12분　**난이도** ● ● ●

푸가스는 프로방스 지역의 특산물로서 온도계가 발명되기 전, 오븐의 '온도계' 역할을 했던 것에서 유래한 빵입니다. 오븐에 넣고 푸가스가 구워지거나 탄 정도에 따라 온도를 판단했던 것이지요. 오늘날에는 다양한 방식으로 변형되었는데, 그중 그린올리브를 통째로 넣어 만든 올리브 푸가스는 더욱 특별한 맛을 자랑합니다.

Ingredients

□ 강력분 240g
□ 중력분 60g
□ 소금 5g
□ 종 반죽 60g
□ 물 210g

□ 이스트 3g
□ 올리브오일 24g
□ 그린올리브 120g
□ 올리브오일 적당량

Ready

1. 그린올리브는 차가운 물에 1시간 정도 담근 다음 물기를 뺀다.
2. 올리브오일은 잘 밀폐하여 실온에서 보관한다.
3. 물에 이스트를 넣고 충분히 푼다.

Tip

올리브 푸가스 반죽을 만들 때는 덧가루 대신 올리브오일을 뿌려보세요. 빵 표면에 올리브오일이 흡수되어 빵의 풍미가 더욱 좋아집니다.

01 믹서에 강력분, 중력분, 소금, 종 반죽, 물에 푼
이스트를 넣는다.

02 저속(1단)에서 2분 정도 섞는다. 재료가 전체적
으로 섞이면 중속(2단)으로 올리고 4분 정도 더
섞는다.
　▶ 이때 반죽은 손에 묻어나지 않지만 아주 매끈한 상태는
아니에요.

03 실온의 올리브오일을 넣고 3분 정도 더 섞어 반
죽을 완성한다.
　▶ 반죽을 손으로 늘여 보았을 때 지문이 비칠 정도까지 충
분히 섞으세요. 완성된 반죽 온도는 24℃ 정도예요.

04 볼에 반죽을 담고 그린올리브를 넣어 손으로 섞
는다.

05 반죽을 매끄럽게 둥글린다.

06 볼에 반죽을 담고 랩을 씌워 따뜻한 곳(30℃ 정도)에서 40분 정도 1차 발효시킨다.

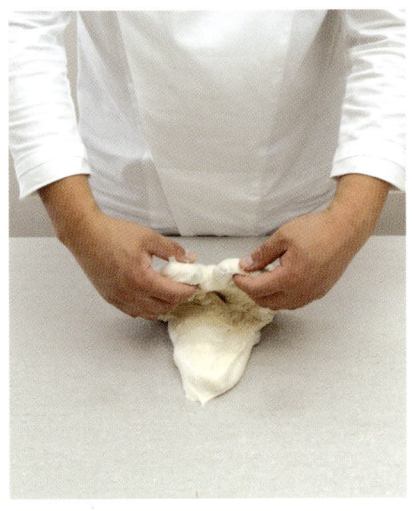

07 반죽을 손으로 가볍게 누르고 한 번 접어 가스 빼기를 한다.

08 볼에 반죽을 담고 랩을 씌워 30분 정도 발효시킨다.

09 반죽 위에 덧가루 대신 올리브오일을 뿌린다.

▶ 작업을 수월하게 하기 위해 덧가루 대신 올리브오일을 씁니다. 없을 때는 덧가루로 대체할 수 있어요.

10 반죽을 스크레이퍼로 360g씩 2개로 분할하여 직사각형 모양으로 다듬는다.

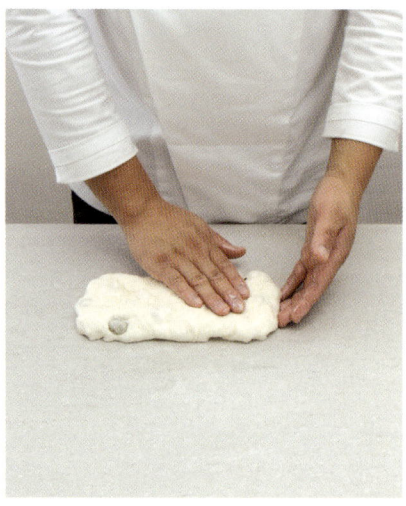

11 오븐팬에 반죽을 올린 후 랩을 씌워 20분 정도 중간 발효시킨다.

12 발효시킨 반죽을 손으로 가볍게 눌러 가스를 뺀다.

13 반죽에 스크레이퍼로 3개의 홈을 만든다.

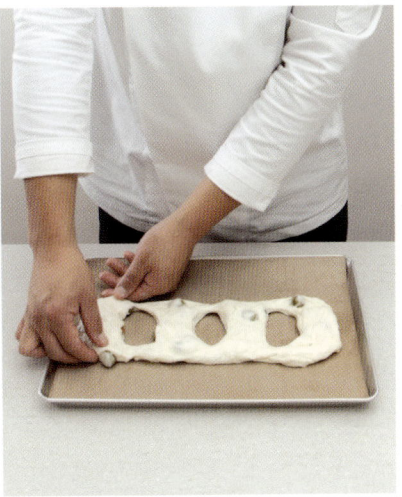

14 테프론 시트를 깐 오븐에 반죽을 올려 반죽의 홈
이 커지도록 반죽을 잡아당긴다.

15 오븐팬에 랩을 씌워 40분 정도 2차 발효시킨다.

▶ 예열 발효가 끝날 즈음 오븐을 200℃로 예열하고, 스팀
효과를 위해 작은 돌이 든 틀을 오븐 안에 넣으세요.

16 예열한 오븐에 반죽을 넣고 12분 정도 굽는다.

▶ 반죽을 오븐에 넣기 전 함께 예열한 돌에 물을 부어 스
팀을 내세요.

BUTTER BRETZEL

버터 브레첼

분량 120g×4개   **총 시간** 1시간 30분   **온도** 180℃   **굽기** 10분   **난이도** ● ● ○

브레첼은 독일을 대표적인 빵 가운데 하나입니다. 하루 전날 반죽을 만들어 냉장 발효 (12~24시간)시킨 후 소다수를 넣어 색을 냅니다. 굽기 전, 소금을 살짝 뿌리는데 이 짠 맛이 식욕을 돋우는 역할을 하지요. 맥주하고도 무척 잘 어울려 독일 축제에서는 빼놓 을 수 없는 단골 메뉴입니다.

Ingredients

☐ 강력분 240g   ☐ 이스트 6g
☐ 박력분 60g   ☐ 올리브오일 9g
☐ 소금 6g   ☐ 버터 12g
☐ 분유 9g   ☐ 베이킹소다물(베이킹소다 40g+물 1kg)
☐ 물 150g   ☐ 굵은 소금 적당량

Ready

1. 베이킹소다물은 물에 베이킹소다를 넣고 섞어 잘 밀폐시킨다.
2. 물에 이스트를 넣고 충분히 푼다.

Tip

여기서는 가성소다물 대신 베이킹소다물로 대체해서 사용했어요. 베이킹소다물은 가성소다물보다 갈색이 진하게 나오지 않을 수도 있지만, 가정에서 보다 안전하게 소다를 사용할 수 있기 때문에 가 급적이면 베이킹소다를 사용하는 것이 좋습니다.

01 믹서에 강력분, 박력분, 소금, 분유, 물에 푼 이스트, 올리브오일, 버터를 넣는다.

02 저속(1단)에서 2분 정도 섞는다. 재료가 전체적으로 섞이면 중속(2단)으로 올리고 4분 정도 더 섞는다.

▶ 글루텐이 많이 형성되지 않는 반죽이므로 충분히 섞는다는 느낌으로 반죽을 마무리하세요. 완성된 반죽 온도는 20℃ 정도예요.

03 반죽을 매끄럽게 둥글린다.

04 볼에 반죽을 담고 랩을 씌워 실온에 1시간 정도 둔 다음 냉장고(5℃)에서 12시간 이상 냉장 발효시킨다.

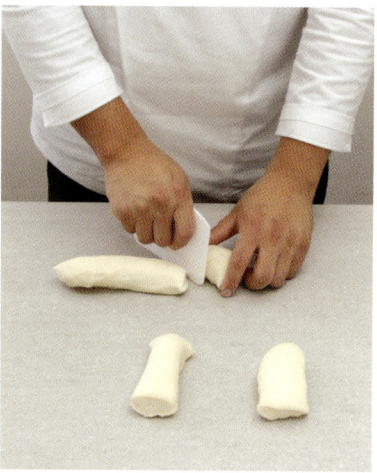

05 냉장고에서 빼자마자 스크레이퍼로 120g씩 4개로 분할한다.

06 분할한 반죽은 길고 가볍게 말아 놓는다.

▶ 예열 분할 후 오븐을 180℃로 예열하세요.

07 반죽의 양쪽을 ⅓씩 접어 마주 접고 손바닥으로 눌러 붙인다.

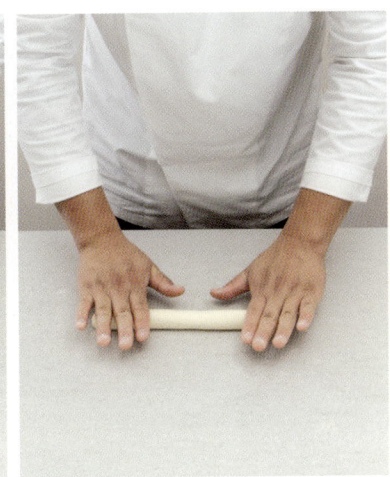

08 반죽의 이음새는 손끝으로 집는다.

09 반죽을 손바닥으로 밀어 긴 일자 모양(약 20㎝)으로 만든다.
▶ 반죽을 손으로 늘이면 다시 원래 크기로 수축되므로 한 번에 늘리려고 하지 말고 여러 번에 나눠 미세요.

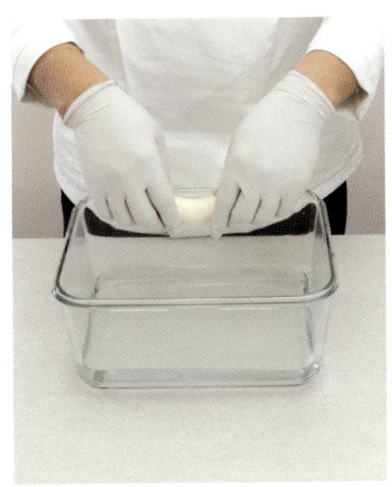

10 준비한 베이킹소다물에 반죽을 넣었다가 꺼낸다.

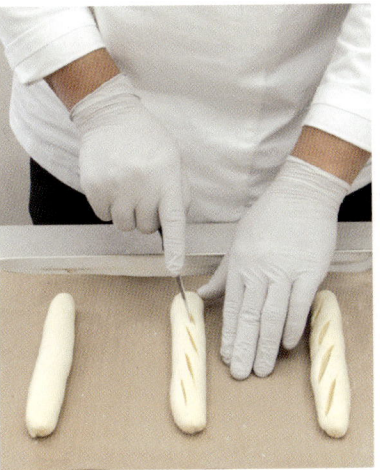

11 테프론 시트를 깐 오븐팬에 반죽을 올린 후 굵은 소금을 적당량 뿌리고 칼집을 넣는다.

12 예열한 오븐에 반죽을 넣고 10분 정도 굽는다.
▶ 브레첼을 반으로 갈라 버터를 바르면 더욱 맛있게 즐길 수 있어요. 오븐에서 브레첼을 꺼내 충분히 식힌 뒤 버터를 바르세요.

CRISPY GORGONZOLA BASIL BREAD

바삭한 고르곤졸라 바질빵

분량 80g×8개 　 **총 시간** 3시간 　 **온도** 200℃ 　 **굽기** 10분 　 **난이도** ●○○

발효된 반죽에 바질페스토를 바르고 모차렐라치즈와 고르곤졸라치즈까지 올려 풍미를 더한 고르곤졸라 바질빵. 제가 운영하는 베이커리의 대표 메뉴로서 바삭한 식감을 자랑하며 피자빵보다 덜 부담스러워 언제라도 가볍게 즐기기 좋습니다.

Ingredients

□ 강력분 280g　　□ 물 240g　　　　　　□ 고르곤졸라치즈 70g(1개당 10g)
□ 감자분말 20g　□ 이스트 9g
□ 소금 15g　　　□ 올리브오일 30g
□ 종 반죽 60g　□ 바질페스토 70g(1개당 10g)
□ 바질 잎 15g　□ 모차렐라치즈 210g(1개당 30g)

Ready

1. 올리브오일은 잘 밀폐시켜 실온에 보관한다.
2. 바질은 깨끗이 씻어 잎을 손질한다.
3. 물에 이스트를 넣고 충분히 푼다.

Tip

반죽의 가스를 빼고 밀대로 밀어 편 다음에는 지체하지 말고 빠르게 바질페스토를 올리세요. 그래야 반죽이 발효되지 않고, 굽고 난 후에도 바삭한 식감을 얻을 수 있어요.

01 믹서에 강력분, 감자분말, 소금, 종 반죽, 바질 잎, 물에 푼 이스트를 넣는다.

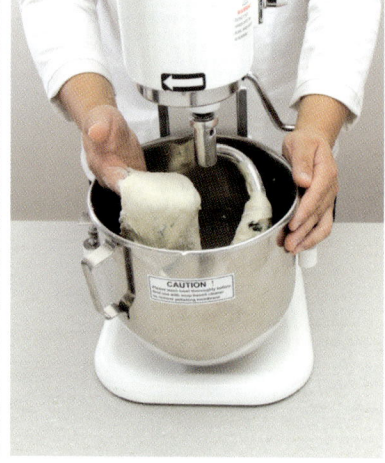

02 저속(1단)에서 2분 정도 섞는다. 재료가 전체적으로 섞이면 중속(2단)으로 올리고 4분 정도 더 섞는다.

▶ 이때 반죽은 손에 묻어나지 않지만 아주 매끈한 상태는 아니에요.

03 실온의 올리브오일을 넣고 3분 정도 더 섞어 반죽을 완성한다.

▶ 반죽을 손으로 늘여 보았을 때 지문이 비칠 정도까지 충분히 섞으세요. 완성된 반죽 온도는 24℃ 정도예요.

04 반죽을 매끄럽게 둥글린다.

05 볼에 반죽을 담고 랩을 씌워 따뜻한 곳(30℃ 정도)에서 40분 정도 1차 발효시킨다.

06 발효가 끝난 반죽을 스크레이퍼로 80g씩 8개로 분할한다.

▶ 예열 분할 후 오븐을 200℃로 예열하세요.

07 분할한 반죽을 둥글리기 하여 바닥 부분을 매끄럽게 정리한다.

08 손으로 가볍게 눌러 가스를 뺀다.

09 밀대로 밀어 사각형(사방 20㎝)으로 편다.

10 테프론 시트를 깐 오븐팬에 반죽을 올리고 준비한 바질페스토(10g)를 고르게 바른다.

11 모차렐라치즈(30g)와 고르곤졸라치즈(10g)를 골고루 뿌린다.

12 예열한 오븐에 반죽을 넣고 10분 정도 굽는다.

HONEY BUTTER PITTA CRISPY
허니버터 피타 크리스피

분량 50g×11개   **총 시간** 2시간   **온도** 180℃   **굽기** 1차 10분 / 2차 1분   **난이도** ● ● ○

피타는 지중해와 중동지방의 납작한 빵으로 '플랫 브레드'라고도 부릅니다. 하루 전날 미리 반죽을 하고 냉장 발효(12~24시간)시킨 뒤 다음날 만드는 빵입니다. 2차 발효 없이 바로 구워먹는 이 빵은 속이 비어 있어 샌드위치용으로도 많이 쓰이는데, 이 빵에 허니버터를 발라 마무리하면 맥주 한 잔과 즐기기 좋은 안주가 될 거예요.

Ingredients

□ 강력분 270g
□ 통밀가루 30g
□ 소금 5g
□ 종 반죽 60g
□ 물 195g
□ 이스트 3g
□ 올리브오일 24g

[허니버터]
□ 버터 50g
□ 꿀 100g
□ 소금 2g

Ready

1. 허니버터는 버터를 전자레인지에 녹인 다음 꿀, 소금을 섞어 만든다.
2. 올리브오일은 잘 밀폐하여 실온에 보관한다.
3. 물에 이스트를 넣고 충분히 푼다.

Tip

피타의 반죽은 일정한 두께로 만드는 게 가장 중요해요. 밀대로 밀어 펼 때 어느 한 군데가 얇거나 두꺼워지지 않도록 유의하세요. 자칫 빵의 두께가 서로 달라 눅눅한 식감이 나올 수도 있어요.

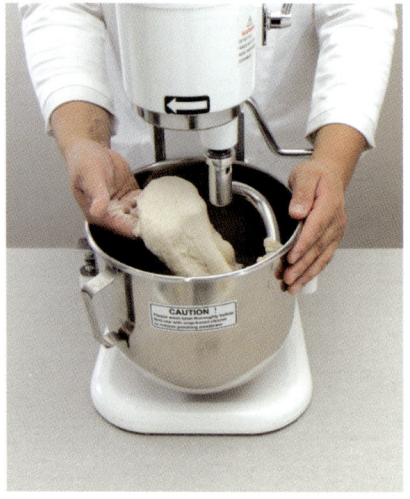

01 믹서에 강력분, 통밀가루, 소금, 종 반죽, 물에 푼 이스트를 넣는다.

02 저속(1단)에서 2분 정도 섞는다. 재료가 전체적으로 섞이면 중속(2단)으로 올리고 4분 정도 더 섞는다.
　　▶ 이때 반죽은 손에 묻어나지 않지만 아주 매끈한 상태는 아니에요.

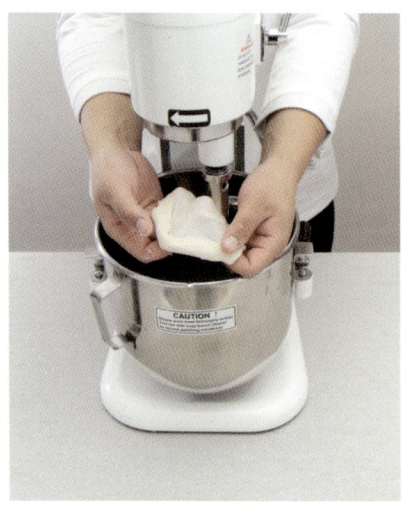

03 실온의 올리브오일을 넣고 2분 정도 더 섞어 반죽을 완성한다.
　　▶ 반죽을 손으로 늘여 보았을 때 지문이 비칠 정도까지 충분히 섞으세요. 완성된 반죽 온도는 24℃ 정도예요.

04 반죽을 매끄럽게 둥글린다.

05 볼에 반죽을 담고 랩을 씌워 따뜻한 곳(30℃ 정도)에서 40분 정도 1차 발효시킨다.

06 손으로 가볍게 누른 뒤 한 번 접어 볼에 넣고 냉장고에서 12~24시간 정도 냉장 발효시킨다.
▶ 냉장고 온도는 5℃로 유지하세요.

07 냉장 발효시킨 다음날 반죽을 스크레이퍼로 50g씩 11개로 분할한다.

08 분할한 반죽을 둥글리기 하여 바닥 부분을 매끄럽게 정리한다.

09 오븐팬에 반죽을 올린 후 랩을 씌워 20분 정도 중간 발효시킨다.

▶ 예열 발효가 끝날 즈음 180℃로 오븐을 예열하세요.

10 발효시킨 반죽을 손으로 가볍게 눌러 가스를 뺀다.

11 반죽을 밀대로 밀어 원형(약 15㎝)으로 편 다음 5분 정도 휴지시킨다.

12 테프론 시트를 깐 오븐팬에 반죽을 올린다.

13 예열한 오븐에 반죽을 넣고 10분 정도 굽는다. **14** 오븐에서 반죽을 꺼내 허니버터를 묻힌다.

15 허니버터를 묻힌 빵을 오븐에서 다시 1분 정도 굽는다.

HAM CHEESE GRATIN

햄 치즈 그라탱

분량 1개   **총 시간** 1시간   **온도** 180℃   **굽기** 7~8분   **난이도** ●○○

바게트 빵이 남으면 버리지 말고 빵요리를 시도해보세요. 바게트를 적당한 크기로 잘라 말린 뒤 생크림 소스와 치즈를 섞어 오븐에 익히면 근사한 그라탱을 완성할 수 있어요. 말린 빵과 크림 소스를 활용한 단순한 레시피로 멋진 요리를 만들 수 있습니다.

Ingredients

□ 생크림 200g   □ 모차렐라치즈A 50g

□ 감자 120g   □ 체다치즈 35g

□ 베이컨 40g   □ 바게트 100g

□ 햄 50g   □ 모차렐라치즈B 120g

□ 브로콜리 30g   □ 파슬리 적당량

Ready

1. 바게트 빵은 한입 크기로 적당히 잘라 오븐(150℃)에 20분 정도 타지 않게 굽는다.
2. 감자는 얇게 슬라이스해 삶는다.
3. 브로콜리는 적당히 잘라 끓는 물에 데친다.
4. 베이컨은 얇게 썰어 프라이팬에 볶듯이 굽는다.
5. 장식용 파슬리는 잘게 자른다.
6. 오븐은 180℃로 예열한다.

Tip

속재료는 기호에 맞게 여러 가지 재료를 사용해도 됩니다. 레시피의 재료를 참고로 자신만의 맛있는 그라탱을 시도해보세요.

01 생크림을 냄비에 넣고 센 불로 끓인다.

02 생크림이 끓으면 삶은 감자, 베이컨, 햄, 브로콜리를 넣고 나무 주걱으로 저으며 불을 줄이지 않고 1분 정도 조린다.

03 모차렐라치즈A, 체다치즈를 넣고 나무 주걱으로 저으며 2분 정도 조린다.

04 그라탱 용기에 구운 바게트를 채운다.

05 바게트 사이에 3을 붓는다.

06 모차렐라치즈B를 가득 올린다.

07 예열한 오븐에서 7~8분 정도 노릇노릇하게 익힌다.

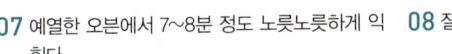

08 잘게 자른 파슬리를 올린다.

GARLIC CHEESE CRUST

갈릭 치즈 크러스트

분량 식빵 4장 　　**총 시간** 30분 　　**온도** 150℃ 　　**굽기** 1차 20분 / 2차 8분 　　**난이도** ●○○

먹다 남은 식빵이 있다면 마늘과 버터, 꿀을 섞은 소스에 치즈를 더해 구워보면 어떨까요? 마늘과 치즈는 한국인이라면 누구나 사랑하는 매력적인 조합인 것 같아요. 레시피도 무척이나 간단해 집에서도 충분히 카페 메뉴 같은 느낌을 낼 수 있습니다. 취향에 맞게 치즈의 양이나 토핑의 종류를 다르게 해보세요. 멋진 홈메이드 갈릭 치즈 브레드를 만들 수 있을 거예요.

Ingredients
- □ 남은 식빵 4개
  (다른 건강빵도 가능)
- □ 버터 100g
- □ 마늘 40g
- □ 꿀 40g
- □ 콜비잭치즈 2장
- □ 파슬리 적당량

Ready
1. 버터는 실온에 30분 이상 꺼내둔다.
2. 마늘은 잘게 다진다.
3. 콜비잭치즈는 2mm 정도의 크기로 자른다.
4. 파슬리는 잘게 썬다.
5. 오븐은 150℃로 예열한다.

Tip
'갈릭' 치즈크러스트인 만큼 마늘의 매력이 두드러지는 빵이에요. 양념으로 넣을 때처럼 마늘을 너무 곱게 다지는 것보다 약간 굵게 다져보세요. 작은 차이지만, 다른 식감을 느낄 수 있을 거예요.

01 볼에 버터를 부드럽게 풀고 다진 마늘, 꿀을 넣고 섞는다.

02 빵 한쪽 면에 1을 바른다.

03 테프론 시트를 깐 오븐팬에 빵을 올린다.

04 예열한 오븐에서 20분 정도 굽는다.

05 오븐에서 꺼낸 빵 위에 콜비잭치즈를 올리고 8분 정도 더 굽는다.

06 잘게 썬 파슬리를 올린다.

PAIN PERDU

뺑 페르뒤

분량 푸딩베이스 250g×1개   **총 시간** 1시간   **온도** 180℃   **굽기** 25분   **난이도** ●○○

'프렌치 토스트'라고도 부르는 뺑 페르뒤는, 빵을 생크림 소스에 적셔 푸딩처럼 구워 먹는 빵입니다. 먹다 남은 딱딱한 빵들을 부드러운 브레드 푸딩으로 즐길 수 있어요. 캐러멜의 달콤함과 생크림의 고소함 때문에 아이들도 매우 좋아할 거예요.

Ingredients

☐ 바게트 6조각 　　　　　　 ☐ 노른자 18g
　 (다른 건강빵도 가능) 　　 ☐ 설탕B 26g
☐ 설탕A 36g 　　　　　　　 ☐ 생크림 36g
☐ 물 3g 　　　　　　　　　 ☐ 우유 120g
☐ 달걀(전란) 52g 　　　　　 ☐ 바닐라빈 2g

Ready

1. 바닐라빈은 반을 가르고 칼등으로 씨를 긁어낸다.

Tip

캐러멜 시럽을 만들 때, 설탕이 갈색을 띠기 시작하면 금세 타버리기 쉬우니 색이 진해지도록 기다리지 말고 적당한 갈색으로 변하면 불을 끄세요.

01 설탕A를 ⅓ 정도 냄비에 넣고 가열하여 설탕을 녹이며 젓는다.

02 남은 설탕을 절반씩 나누어 넣고 원하는 캐러멜 색이 날 때까지 젓는다.

03 물을 50℃로 데워 세 번에 나누어 붓는다.

04 그라탕 용기에 **3**의 캐러멜(10g)을 붓는다.

▶ 예열 오븐을 180℃로 예열하세요.

05 볼에 달걀, 노른자, 설탕B를 넣는다.

06 생크림을 넣고 거품기로 잘 섞는다.

07 냄비에 우유, 바닐라빈 씨를 넣고 끓기 전 (90℃)에 불을 끈다.

08 6에 **7**을 조금씩 나누어 붓고 거품기로 잘 섞는다.

09 **4**의 그라탱 용기에 바게트 조각을 넣는다.

10 바게트 사이에 **8**을 가득 붓는다.

11 예열한 오븐에서 25분 정도 굽는다.

Q&A [빵을 더 잘 만들기 위한 베이킹 팁]

재료에 대한 질문 & 답변

Q 생이스트 대신 인스턴트 드라이이스트를 사용해도 될까요?

A 인스턴트 드라이이스트는 생이스트의 유통기한과 사용상의 번거로움을 개선하기 위해 만들어졌습니다. 예비 발효(40℃ 정도의 물에서 10~15분 정도 녹이는 과정) 없이 바로 밀가루에 섞어 사용할 수 있는 장점 때문에 생이스트나 드라이이스트 대신 많이 쓰입니다. 또한 생이스트나 드라이이스트보다 발효력이 강하기 때문에 일반 이스트의 ½양만 넣어도 충분한 발효력을 얻을 수 있습니다.

Q 백설탕이 없는데 황설탕이나 흑설탕을 사용해도 될까요?

A 백설탕 대신 황설탕이나 흑설탕을 사용해도 크게 상관은 없습니다. 다만 그 종류에 따라 미묘한 맛의 차이가 있을 수 있고 빵의 색이 진해질 수 있어 선택적으로 사용하면 됩니다.
설탕은 불순물과 수분을 제거한 정제설탕과 그렇지 않은 비정제설탕으로 나뉘는데, 정제과정을 거치면 가장 먼저 백설탕이 만들어지게 됩니다. 부드럽고 깔끔한 단맛을 가지고 있어 제과제빵 분야에서 가장 많이 쓰이는 설탕입니다. 이렇게 만들어진 백설탕에 열을 가하게 되면 갈변 현상이 나타나는데, 이때 만들어지는 것이 황설탕입니다. 마지막으로 흑설탕은 2차적으로 생산된 황설탕에 캐러멜 시럽 등을 첨가하여 더욱 짙은 색으로 만든 것입니다.
설탕에 열이 가해지면 독특한 향과 색이 살아나기 때문에 빵에 짙은 색을 내거나 향을 더하고 싶을 때, 황설탕이나 흑설탕을 사용합니다.

Q 버터가 녹았을 때, 다시 굳혀서 사용해도 되나요?

A 기본적으로 녹은 버터를 다시 사용하는 것은 권하지 않습니다. 녹은 버터는 글루텐 조직에 섞이기 힘들어 빵의 볼륨감을 살리지 못하고 원하는 모양으로 만들기 어렵습니다. 따라서 빵을 만들 때는 녹지 않은 버터를 사용하는 것이 좋습니다.

Q 우리밀로 반죽을 했는데 질어졌어요.

A 우리밀은 수입 밀가루에 비해 단백질 함량이 적은 편입니다. 단백질이 물을 흡수하여 글루텐을 형성하는데, 단백질이 적으면 흡수할 수 있는 물의 양도 적어지고 이렇게 남은 수분이 전분과 섞이면서 반죽을 질게 만드는 것입니다. 따라서 단백질이 적은 우리밀을 사용할 때는 물의 양을 적게 넣어야 합니다.

제빵 과정에서의 질문&답변

Q 반죽의 온도가 레시피와 다를 때는 어떻게 해야 하나요?

A 만들고자 하는 온도보다 높게 나왔을 경우 1℃ 정도의 차이는 크게 문제가 되지 않습니다. 1℃ 높을 경우 발효 시간이 7~10분 정도 빨라질 수 있으며, 1℃ 낮을 경우 7~10분 정도 늦어질 수 있습니다. 온도가 너무 높다면 수분 재료나 밀가루 온도를 낮추고, 온도가 너무 낮다면 물 온도나 밀가루 온도를 높여 조절합니다. 다만 이렇게 온도차가 날 경우 원하는 빵의 모양이나 풍미를 얻기 어려우므로 가능한 반죽 온도를 잘 맞추는 것이 좋습니다.

Q 냉장 보관하여 차가워진 충전물을 반죽에 넣으니 반죽 온도가 너무 낮아집니다. 어떻게 하면 좋을까요?

A 충전물은 전자레인지를 이용하여 알맞은 온도로 맞추어 사용하거나 미리 실온에 두어 사용하면 됩니다.

Q 식빵을 굽고 나서 잘랐는데 가운데 구멍이 났습니다. 구멍이 나지 않게 하려면 어떻게 해야 할까요?

A 가장 큰 요인은 밀어 펴거나 둥글리기를 하면서 큰 기공을 완벽하게 제거하지 못했기 때문입니다. 성형 전에 가스를 적절하게 빼줘야 빵이 고르게 나옵니다.

Q 구워진 식빵이 틀에서 빠지지 않습니다. 어떻게 해야 할까요?

A 반죽을 식빵 틀에 넣기 전에 쉽게 분리할 수 있도록 버터를 꼼꼼히 바르고 반죽을 넣으면 됩니다.

Q 빵을 굽는데 빵 옆 부분이 터집니다. 이유가 무엇인가요?

A 빵 모양을 만들 때 반죽을 너무 단단하게 말았거나, 2차 발효가 충분치 않아 생기는 현상입니다.

Q 빵이 2차 발효 상태에서 거의 변화가 없이 구워져 나왔습니다. 무엇이 문제인가요?

A 반죽이 커지지 않는 것은 반죽을 덜 믹싱하여 글루텐 조직이 충분하지 않았거나, 반죽의 온도가 너무 낮았을 때 일어날 수 있습니다.

Q 여름에 물 온도를 낮춰서 반죽을 했는데도 반죽 온도가 높아질 경우, 어떻게 해야 하나요?

A 얼음물을 사용하거나 가루 재료, 필링을 냉장고에 넣어 충분히 차갑게 한 후 사용해보세요. 그런데도 반죽이 따뜻해진다면 볼에 얼음물을 담고 믹서에 받쳐 믹서의 마찰열을 막아보세요.

Q 구워진 빵의 모양이 제각각 다르게 나올 때는 어떻게 하나요?

A 각 반죽마다 일정한 힘으로 성형하지 않은 경우 굽고 나서 빵 모양이 일정하지 않습니다. 가능한 동일하게 힘을 주어 성형하는 것이 중요합니다.

Q 빵 표면에 칼집을 넣었는데 벌어지지 않는 이유는 무엇인가요?

A 쿠프나이프의 방향과 깊이가 좋지 않았다거나, 발효가 적당하지 못하고 적거나 많을 때 나타날 수 있습니다. 또한 스팀이 너무 많거나 부족한 경우에도 벌어지지 않을 수 있습니다.

Q ─────────── 빵을 구울 때 한쪽 면만 색깔이 나는데 왜 그런 건가요?

A ─────────── 오븐의 종류마다 온도 차이도 크게 나고 열이 나오는 곳도 달라 한쪽만 색이 진하게 나올 수 있습니다. 오븐 앞에서 잘 지켜보다가 계속 한쪽만 색이 난다 면 굽는 시간의 70%가 되었을 즈음, 반대로 돌려 구워주세요.

BnC Home Baking Series Ⅱ

BREAD

빵

저자	윤문주
발행인	장상원
편집인	이명원

초판 1쇄	2016년 1월 25일
2쇄	2018년 4월 18일

발행처	(주)비앤씨월드 출판등록 1994. 1. 21. 제16-818호
	주소 서울시 강남구 선릉로132길 3-6서원빌딩 3층
	전화 (02)547-5233 / 팩스 (02)549-5235

편집	현미나, 심보경
사진	이재희, 서상신
스타일링	김채정(부어크)
디자인	현지은

협찬	티앤블라썸 TEA & BLOSSOM
	컨벡스코리아 www.ovennjoy.com

ISBN	979-11-86519-05-9 13590

text ⓒ 윤문주, bncworld 2016 printed in Korea

http://www.bncworld.co.kr

이 도서의 국립중앙도서관 출판예정도서목록(CIP)은 서지정보유통지원시스템
홈페이지(http://seoji.nl.go.kr)와 국가자료공동목록시스템(http://www.nl.go.kr/kolisnet)에서
이용하실 수 있습니다. (CIP제어번호 : CIP2016000710)